JIZHI MIANLIAO CHUANGXIN SHEJI JI YINGYONG

机织面料创新设计及应用

马旭红　罗炳金◎著

中国纺织出版社有限公司

内 容 提 要

本书选取 50 个机织面料创新设计案例，介绍了机织面料的设计灵感、经纬色纱的排列等内容。通过组织的经纬浮长变化、组织的经纬向飞数变化、经纬组织点的疏与密变化、组织的斜向变化、粗犷组织与细腻组织转换变化等途径，探究三原变化组织、联合组织、重经重纬组织和多层组织的创新设计，并配置织物上机图和织物效果图及模拟应用，对机织面料的设计效果加以说明。

本书可作为纺织类院校纺织品设计专业核心课"织物组织设计与应用"的辅助教材，也可供纺织企业面料设计师和纺织品设计人员参考。

图书在版编目（CIP）数据

机织面料创新设计及应用 / 马旭红，罗炳金著. --
北京：中国纺织出版社有限公司，2023.1
ISBN 978-7-5180-9734-0

Ⅰ.①机… Ⅱ.①马… ②罗… Ⅲ.①机织物–设计
–高等职业教育–教材 Ⅳ.①TS105.1

中国版本图书馆 CIP 数据核字（2022）第 134970 号

责任编辑：孔会云　陈怡晓　　责任校对：寇晨晨
责任印制：王艳丽

中国纺织出版社有限公司出版发行
地址：北京市朝阳区百子湾东里 A407 号楼　邮政编码：100124
销售电话：010 — 67004422　传真：010 — 87155801
http://www.c-textilep.com
中国纺织出版社天猫旗舰店
官方微博 http://weibo.com/2119887771
北京华联印刷有限公司印刷　各地新华书店经销
2023 年 1 月第 1 版第 1 次印刷
开本：787×1092　印张：6.5
字数：68 千字　定价：98.00 元

机织物中经纬纱相互交错或彼此浮沉的规律称为织物组织，织物组织包括三原组织、变化组织、联合组织、复杂组织等，不同的组织赋予织物不同的纹理和质地。

机织物的组织设计是机织物设计的重要组成部分，是面料设计师的重要技能，也是纺织品设计专业学生的基本专业能力之一。机织物组织的创新设计在综合考虑面料流行趋势、经纬纱材质和色彩、织造工艺和织物用途的基础上，通过织物结构本身的经纬组织点、经纬向浮长线、组织块面的变化，赋予织物丰富多彩的视觉效应，体现织物的不同风格和质地。机织物的组织创新设计是美学与机织工艺设计的完美结合。

本书采用案例的形式，结合纺织类高职院校纺织品设计专业学生的岗位能力培养要求，针对机织物设计，特别是色织物设计的特点进行编写。书中的创新案例是高职院校纺织品设计专业核心课程"织物组织设计与应用"建设和教学改革的成果之一，也是专创融合、师生协同创新设计的实践成果。书中的50个机织物组织设计案例，采用对比法、平衡法、对称法、节奏韵律法、渐变法、镶嵌设计法、移植设计法、旋转设计法、组合设计法、底片设计法、省综设计法等方法，通过组织的经纬浮长变化、经纬向飞数变化、经纬组织点的疏密变化、斜向变化、粗犷组织与细腻组织转换变化等途径，配合各种不同颜色的经纬纱排列，同时考虑节省综框的使用、防止因组织点配置不均匀产生织造病疵和方便上机生产等多种因素进行创新设计。这些织物组织或简约节律，或疏密有致，或凹凸迭宕，或粗犷起伏，具有很强的艺术装饰性、生产工艺性和产品实用性，每种组织都反映出设计者的创新精神、个性风格、个人情感和精益求精的工匠精神，体现了时尚科技和绿色的现代纺织理念。

本书选取50个有代表性的机织面料创新设计案例出版，既是对纺织品设计专业在创新创业教育中的经验总结，也是对今后专业创新设计的推广和展望，以期形成具有学科特色和推广价值的经验，进一步深化创新创业教育。

由于作者水平所限，书中难免存在不足，欢迎读者批评指正。

马旭红　罗炳金

2022年7月

目 录

1. 梦回大唐

设计灵感

  织物选用特殊的钢筘和打纬方式加以创新。织物中曲折的纱线象征着川流轨迹，奔腾壮观；中间部分段染的纱线象征着车水马龙的繁华景象，织物色彩鲜艳斑斓，如同梦境中繁华的大唐，象征着中国蓬勃发展的力量。

织物组织设计（图1）

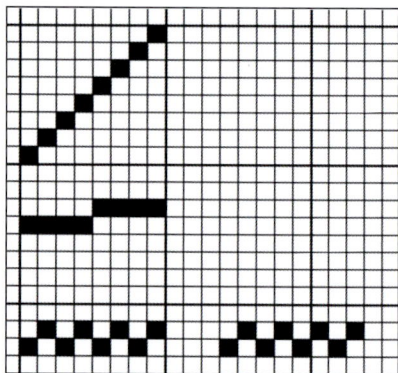

图 1　织物组织图（上机图）

织物效果及模拟应用（图2、图3）

图 2　织物效果图

色纱排列

经纱：深紫3，土黄1，橙黄2，普鲁士蓝3，深紫3，淡黄2，浅蓝2，橙黄2，淡黄2，浅蓝2，淡黄1，紫红5，橙黄3，大红5，红黄段染80，大红5，橙黄3，紫红5，淡黄1，浅蓝2，淡黄2，橙黄2，浅蓝2，淡黄2，深紫3，普鲁士蓝3，橙黄2，土黄1，深紫3。

纬纱：白。

图3　织物模拟应用

2. 异域

设计灵感

浓烈的色彩、繁复的设计，给人强烈的视觉冲击和神秘气氛，具有浪漫、自由、异域的特点。织物采用小提花组织，冷色、暖色相互碰撞，相互冲击，增添了几分和谐与洒脱。

织物组织设计（图 1）

图 1　织物组织图（上机图）

色纱排列

经纱：暗红 17，棕 8，大红 6，棕 3，绿 5，大红 4，棕 8，蓝 9，橙 2，蓝 9，绿 10，（白 1，红 2）×10，白 1，红 1，绿 8，红 8，棕 3，橙 7，棕 3，红 8，黄 8，大红 3，土黄 3，橙 8，黄 5，棕 2，红 7，土黄 7，黄 5，棕 2，暗红 3，绿 7，大红 3，橙 7，暗黄 2，橙 7，棕 3，红 7，土黄 3，黄 7，暗红 3，土黄 3，黄 7，暗红 3，土黄 3，黄 7，红 1，白 1，红 2，白 1，红 1，白 1，红 2，白 1，红 2，白 1，红 1，白 1，红 1。

纬纱：白。

织物效果及模拟应用（图 2、图 3）

图 2　织物效果图

图 3　织物模拟应用

3. 隔岸

设计灵感

蓝色和白色的搭配非常清新，就像蓝天和白云，给人清纯、干净的感觉，两条不同方向的斜纹线搭配不同色纱，呈现出对称的犬牙纹，再由不同颜色的条纹将它们隔开，仿佛岸边水中的倒影，在经纱排列到三分之二时改变经纱颜色，用浅蓝代替钴蓝使面料整体呈现出强烈的对比感。

色纱排列

经纱：钴蓝2，白4，钴蓝4，白4，钴蓝4，白4，钴蓝4，白4，钴蓝2，淡紫2，淡绿6，紫8，淡绿6，紫2，钴蓝2，白4，钴蓝4，白4，钴蓝4，白4，钴蓝4，白4，钴蓝2，淡紫2。

纬纱：（钴蓝4，白4）×8，紫8。

织物组织设计（图1）

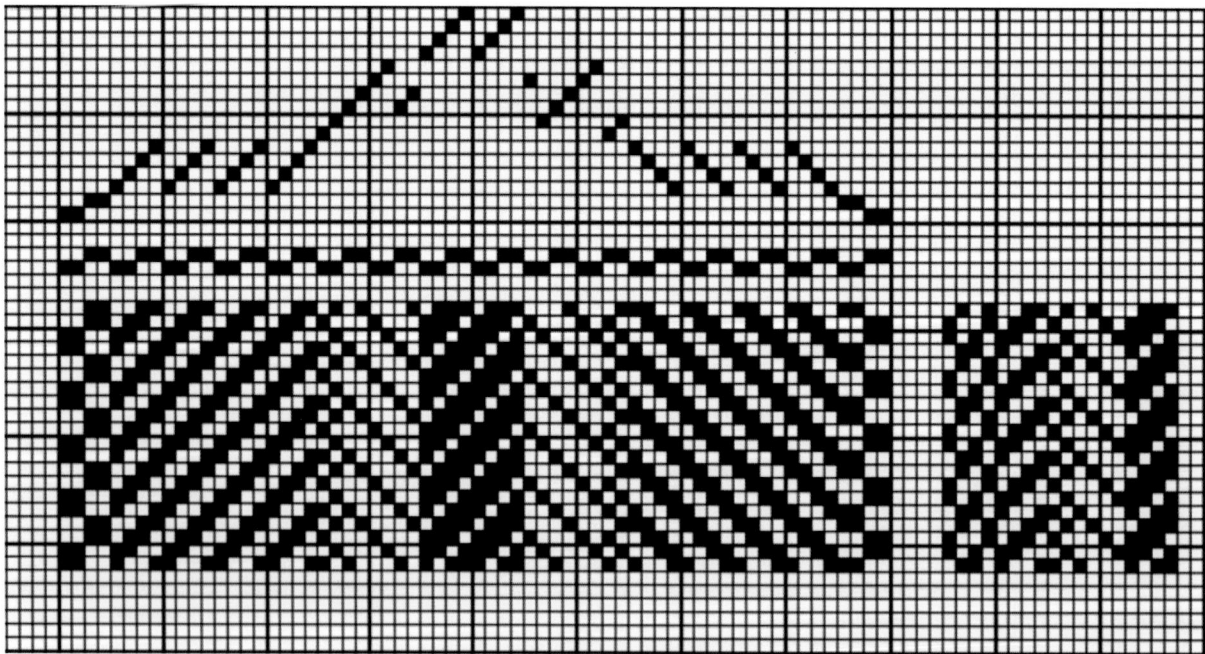

图 1　织物组织图（上机图）

织物效果及模拟应用（图2、图3）

图2　织物效果图

图3　织物模拟应用

4. 格调

设计灵感

格调是看不见、摸不着的存在。但通常都会以某种形式体现出来。面料采用格组织，经纬纱采用不同的排列组合，呈现不同的经面和纬面效果，形成一种别样的格调。

色纱排列

经纱：粉10，深红20，黄10，粉20，紫10，粉20，深红10，黄20，粉10，紫20。

纬纱：白。

织物组织设计（图1）

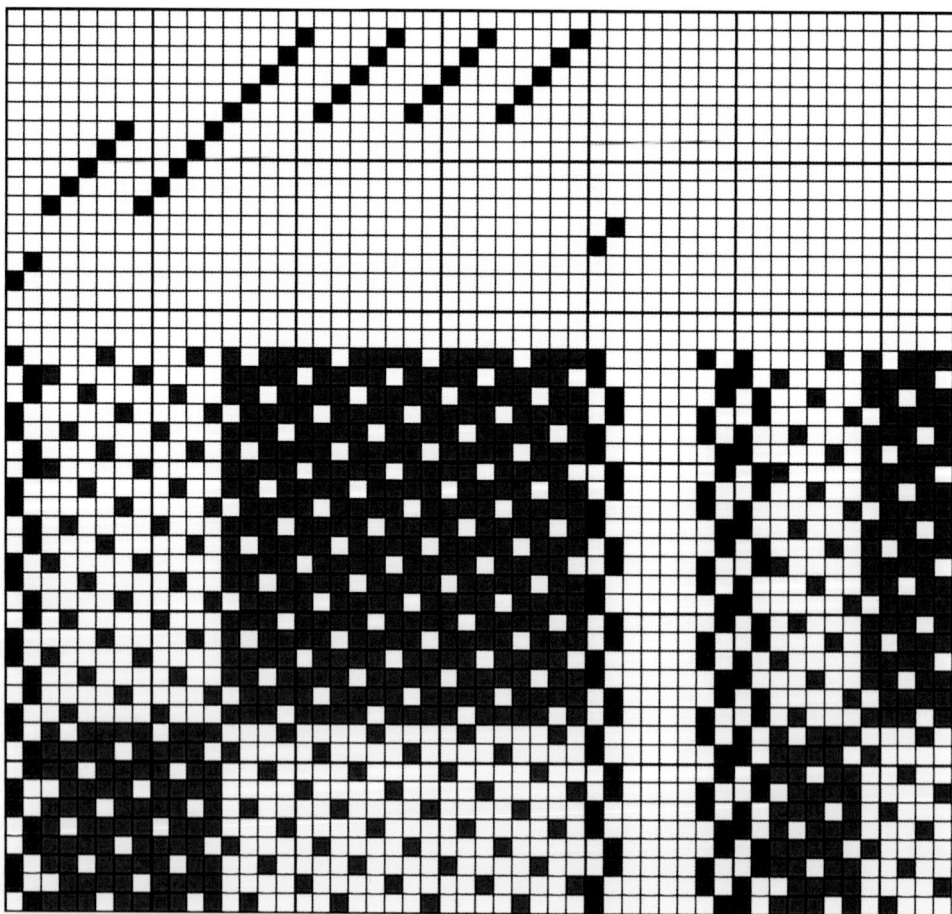

图1 织物组织图（上机图）

织物效果及模拟应用（图2、图3）

图2　织物效果图

图3　织物模拟应用

5. 合漪

设计灵感

时光如冰雪消融，合为涟漪。像是被微风吹起的水面波纹，又像是小事激起心中的涟漪，只是泛起稍许波澜，终究会归于平静。织物以小提花为主，格形横向排列，风格简洁自然，可以应用在家用纺织品或者软装设计中。

色纱排列

经纱：白。

纬纱：米40，黑17，米8，蓝14，橙14，蓝14。

织物组织设计（图1）

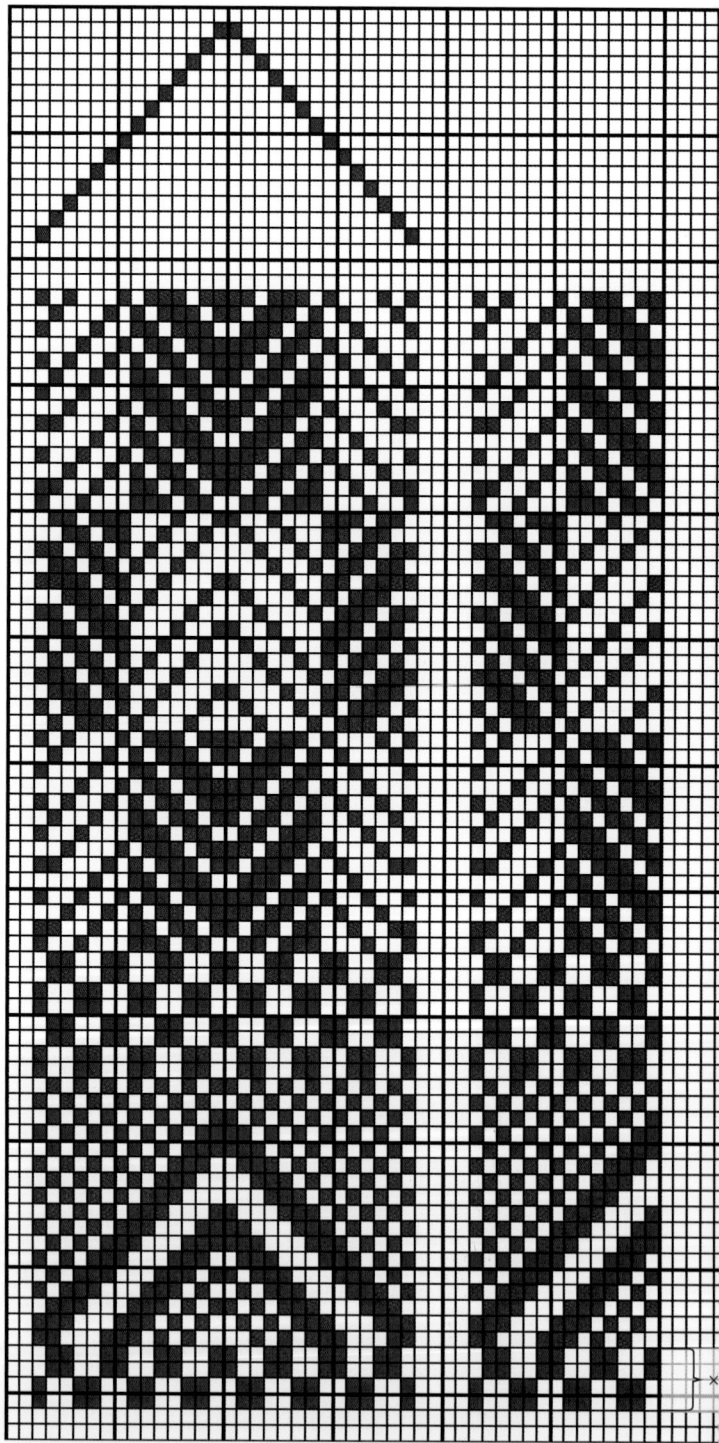

图1 织物组织图（上机图）

织物效果及模拟应用（图2、图3）

图2　织物效果图

图3　织物模拟应用

15

6. 红白游戏

设计灵感　　**织物组织设计（图1）**

　　"红白游戏"是基于儿时记忆中小霸王红白机中像素游戏印象的创作。多样的颜色设计也是源于儿时最喜欢玩的游戏"马里奥兄弟"，这款游戏不同关卡的背景颜色不同，从明亮渐渐变暗也是暗示游戏难度慢慢提高。

图1　织物组织图（上机图）

色纱排列

　　经纱：黑20，淡黄26，黑2，淡黄26，黑2，黄26，黑2，黄26，黑2，橙黄26，黑2，橙黄26，黑2，橙26，黑2，橙26，黑2，深红26，黑2，深红26，黑2，浅紫26，黑2，浅紫26，黑2，浅红26，黑2，浅红26，黑2，紫26，黑2，紫26，黑2，浅蓝26，黑2，浅蓝26，黑2，深蓝26，黑2，深蓝26，黑20。

　　纬纱：黑。

织物效果及模拟应用（图 2、图 3）

图 2　织物效果图

图 3　织物模拟应用

7. 热带花园

设计灵感

灵感源于自然界的花卉，在清新而明媚的阳光照耀下，花卉展现出最浓郁的光彩。该设计采用简单且不同的颜色融合成新的色彩，带来强烈的视觉冲击效果，给人如沐春风的感觉。同时在打纬方式上进行突破创新，丝缕纱线以变化式、随机式的打纬方式排列，稀稀疏疏又具有创造性和层次感，营造出通透、健康的感觉，充满时尚感。

色纱排列

经纱：段染纱。

纬纱：白。

织物效果及模拟应用（图1、图2）

图1 织物效果图

图2　织物模拟应用

织物组织设计（图3）

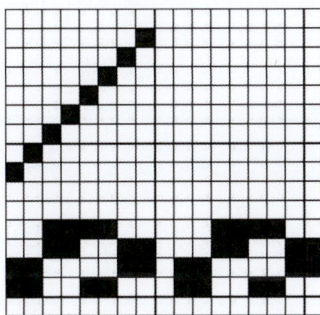

图3　织物组织图（上机图）

8. 福意

设计灵感

福意为降临的幸福，运用古朴的图纹样式，将对幸福的渴望深藏其中。每一个图案中都蕴藏着一句祝福，这是人们对美好生活的向往。织物采用平纹地经起花组织，藏青色的底色地组织不仅沉稳，更体现人们内心的平静，再加上米色、蓝色的纹样点缀，使画面更加生动。

色纱排列

经纱：（藏青1，孔雀蓝1）×25，（藏青1，淡黄1）×25。
纬纱：藏青。

织物组织设计（图1）

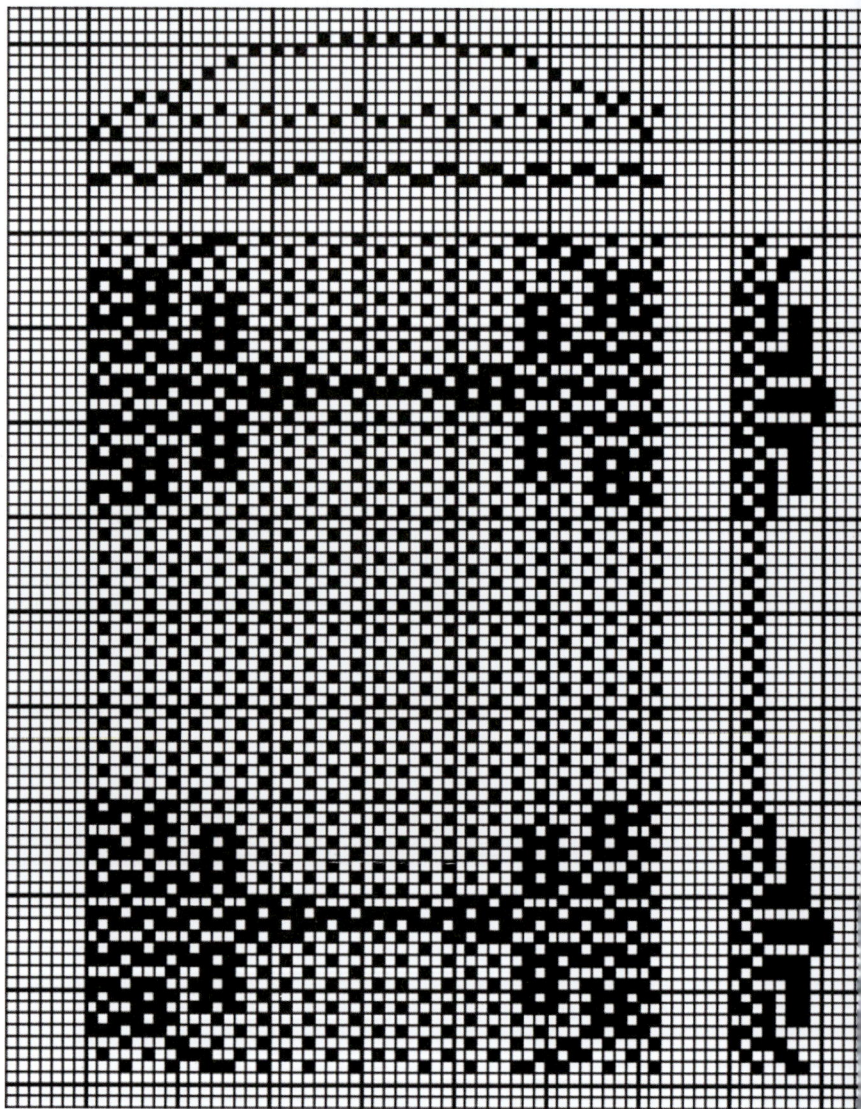

图1　织物组织图（上机图）

织物效果及模拟应用（图2、图3）

图2　织物效果图

图3　织物模拟应用

9. 平行宇宙

设计灵感

平行宇宙是指与原宇宙平行，既相似又不同的其他宇宙。这些宇宙有和我们的宇宙以相同条件诞生的，还有的存在着和人类居住的星球相同或具有相同的历史。织物采用平纹和小提花组织形成平行的纵条纹，就像一直延伸却永不相交的平行宇宙。

织物组织设计（图1）

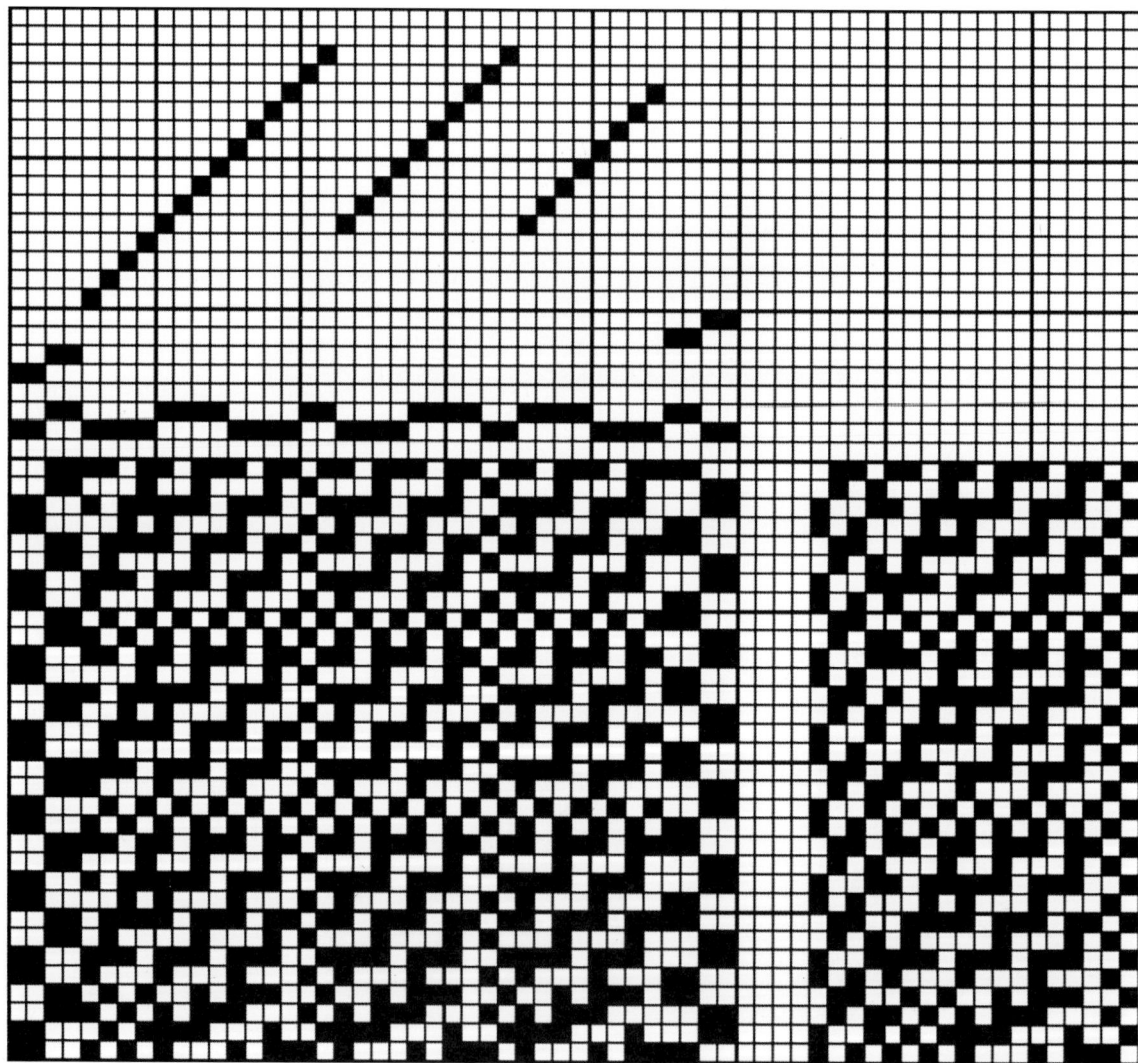

图1 织物组织图（上机图）

色纱排列

经纱：黑34，（蓝1，黑1）×10，（浅蓝1，黑1）×14，黑8，（橙1，黑1）×4，（黄1，黑1）×8，（橙1，黑1）×4，黑8，（浅蓝1，黑1）×14，（蓝1，黑1）×10，黑136，（橙1，黑1）×15，（黄1，黑1）×9，黑8，（浅蓝1，黑1）×4，黑8，（黄1，黑1）×9，（橙1，黑1）×15，黑34。

纬纱：黑。

织物效果及模拟应用（图2、图3）

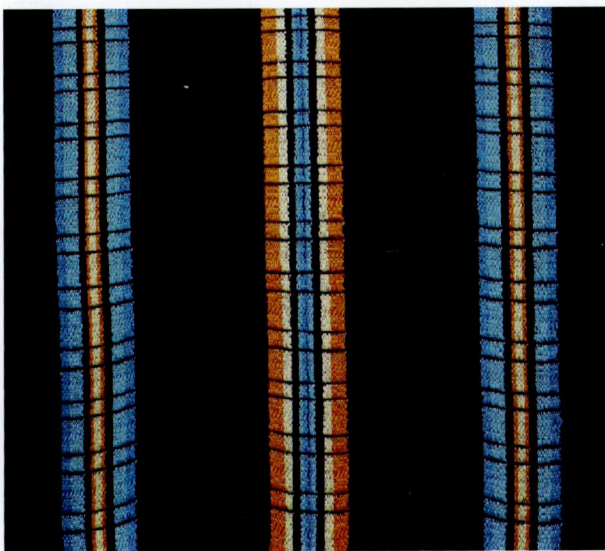

图2　织物效果图

图3　织物模拟应用

10. 幻梦叠影

设计灵感

梦想是人们对美好事物的憧憬与幻想，每个人心中都有光，那是发亮的梦想。梦想有时虚幻，脱离现实；有时又棱角分明，清晰可见。织物采用丰富的颜色，利用渐变的方式表达，看似飘渺，但又有统一的色调。

色纱排列

经纱：普鲁士蓝4，墨绿4，浅蟹灰8，淡蓝8，普鲁士蓝8，嫩绿5，普鲁士蓝4。

纬纱：浅绿25，淡黄7，淡绿25，豆沙红25，淡黄7，豆沙红25，暗红25，普鲁士蓝7，暗红25，普鲁士蓝25，灰色7，普鲁士蓝25，灰色25，淡蓝7，灰色25，淡蓝25，灰豆绿7，淡蓝25，灰豆绿25，墨绿7，灰豆绿25，墨绿25，浅绿7。

织物组织设计（图1）

图1 织物组织图（上机图）

织物效果及模拟应用（图2、图3）

图 2　织物效果图

图 3　织物模拟应用

11. 键

设计灵感

织物采用了黑、白、蓝三种色彩，通过特有的肌理和远近不同的模纹视觉效果，给人一种舒适的感受，犹如钢琴键盘在纱线上弹奏美妙的乐章。

色纱排列

经纱：白43，蓝1，白1，蓝2，白1，蓝2，白1，蓝3，白1，蓝1，白51，蓝1，白1，蓝2，白1，蓝2，白1，蓝2，白1，蓝3，白1，蓝1。

纬纱：白15，（白4，黑1）×8，白15。

织物组织设计（图1）

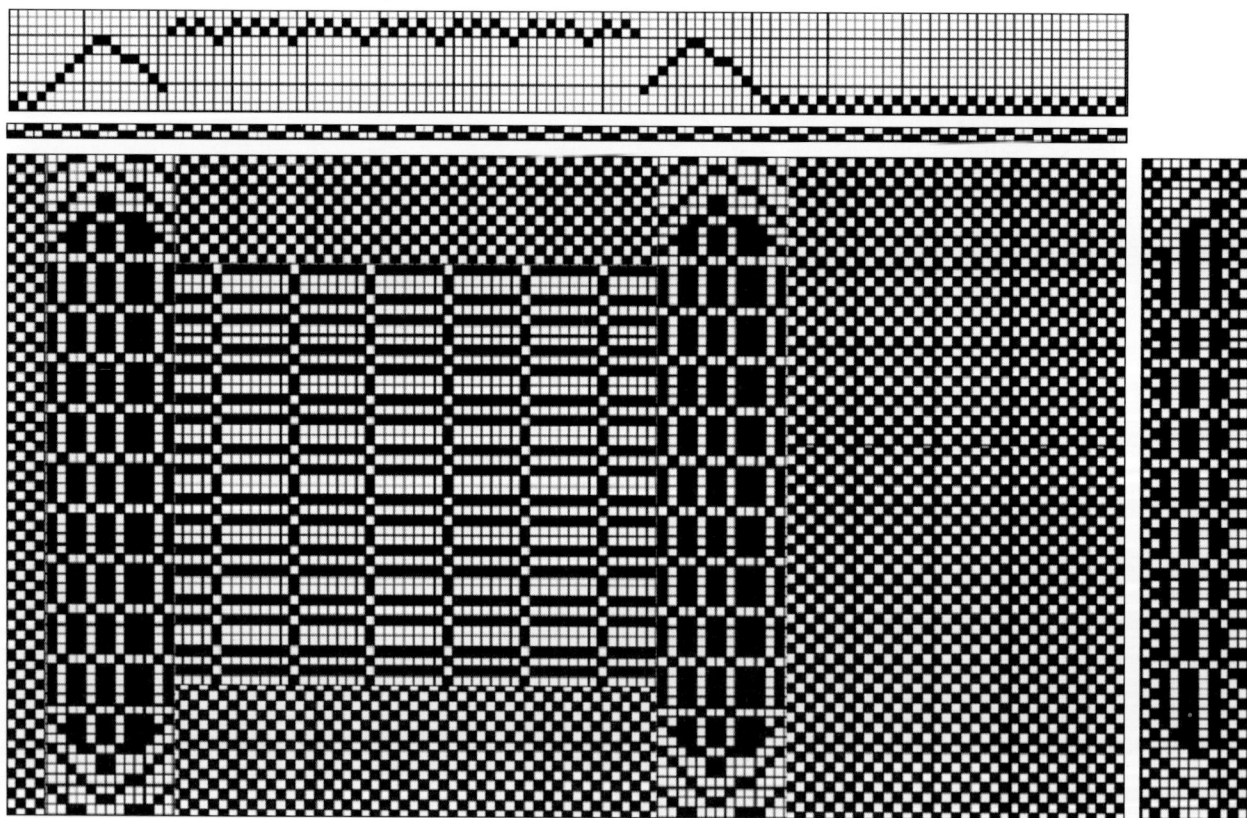

图1 织物组织图（上机图）

织物效果及模拟应用（图2、图3）

图 2　织物效果图

图 3　织物模拟应用

12. 绿野

设计灵感

织物采用深橄榄绿、浅绿与清浅的黄绿色三种象征着春天的颜色组成，给人生机盎然的感觉，破斜纹则营造出一种山野的氛围。

色纱排列

经纱：浅黄绿4，深橄榄绿4，浅绿8，深橄榄绿16，浅绿8，深橄榄绿4，浅黄绿4。
纬纱：白。

织物组织设计（图1）

图1 织物组织图（上机图）

织物效果及模拟应用（图2、图3）

图2　织物效果图

图3　织物模拟应用

13. 苏格兰高地

设计灵感

织物运用表里换层双层组织，采用红色与蓝色两种对比鲜明的颜色，红白小格子和蓝色大格子形成对比，织物表面的格形效果更加突出，让人不禁联想到漂亮的苏格兰方格裙。

色纱排列

经纱：（蓝1，红1）×18，（蓝1，白1）×18。

纬纱：（蓝1，红1）×18，（蓝1，白1）×18。

织物组织设计（图1）

图1 织物组织图（上机图）

织物效果及模拟应用（图2、图3）

图2 织物效果图

图3　织物模拟应用

14. 听风波澜起

灵感来源

在蔚蓝神秘的湖面上，风乍起，几条鱼儿跃出水面，又瞬间潜入水底，泛起的层层波纹相互碰撞，又荡回去，像是在回应着对方。只见一轮红日从云层中爬出来，光彩四射，层层云海被染得鲜亮，闪耀着金光，如同一团燃烧的火焰，水中的波纹都染上了天空的颜色，顿时整个湖面活跃起来，仿佛被赐予了生命一般，给人留下深刻的印象。织物采用简单的组织，但是使用弧形打纬装置，使纬纱呈现海浪般的变化。

色纱排列

经纱：黑蓝58，深蓝1，黑蓝2，深蓝2，黑蓝2，深蓝2，黑蓝1，深蓝14，普鲁士蓝1，深蓝2，普鲁士蓝2，深蓝2，普鲁士蓝2，深蓝1，普鲁士蓝14，湖蓝1，普鲁士蓝2，湖蓝2，普鲁士蓝2，湖蓝2，普鲁士蓝1，湖蓝14，浅蓝1，浅蓝2，湖蓝2，浅蓝2，湖蓝1，浅蓝14，淡蓝1，浅蓝2，淡蓝2，浅蓝2，淡蓝2，浅蓝1，淡蓝14，浅蓝1，淡蓝2，浅蓝2，淡蓝2，浅蓝2，淡蓝1，浅蓝14，湖蓝1，浅蓝2，湖蓝2，浅蓝2，湖蓝2，浅蓝1，湖蓝14，普鲁士蓝1，湖蓝2，普鲁士蓝2，湖蓝2，普鲁士蓝2，湖蓝1，普鲁士蓝14，深蓝1，普鲁士蓝2，深蓝2，普鲁士蓝2，深蓝2，普鲁士蓝1，深蓝14，黑蓝1，深蓝2，黑蓝2，深蓝2，黑蓝2，深蓝1，黑蓝58。

纬纱：红5，橙5，黄5，灰绿5，黄5，橙5。

织物组织设计（图1）

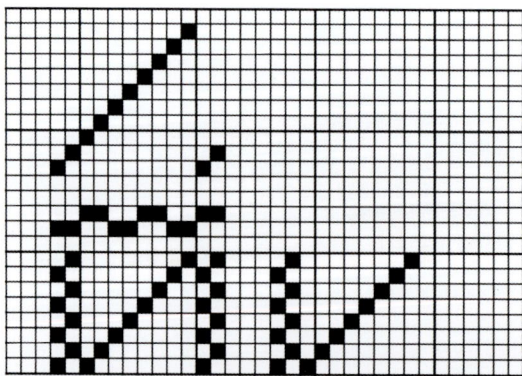

图1 织物组织图（上机图）

织物效果及模拟应用（图2、图3）

图2 织物效果图

图3 织物模拟应用

15. 遐想

灵感来源

拥有遐想的天空分外蓝，拥有遐想的草原分外绿，拥有遐想的梦是彩色的。织物采用变化的菱形斜纹，巧妙地形成几何纹样，将几何纹样在织物中作为大面积的点缀，雅致大方，并采用形意相生的处理手法，提亮了整个设计效果。

色纱排列

经纱：黑20，（深蓝2，米黄26）×2，（深蓝2，柠檬黄26）×2，（深蓝2，浅橘黄26）×2，（深蓝2，深橘色26）×2，（深蓝2，大红26）×2，（深蓝2，洋红26）×2，（深蓝2，樱桃红26）×2，（深蓝2，葡萄紫26）×2，（深蓝2，普鲁士蓝26）×2，（深蓝2，藏蓝26）×2。

纬纱：（深蓝2，米黄26）×2，（深蓝2，柠檬黄26）×2，（深蓝2，浅橘黄26）×2，（深蓝2，深橘色26）×2，（深蓝2，大红26）×2，（深蓝2，洋红26）×2，（深蓝2，樱桃红26）×2，（深蓝2，葡萄紫26）×2，（深蓝2，普鲁士蓝26）×2，（深蓝2，藏蓝26）×2，（深蓝2，普鲁士蓝26）×2，（深蓝2，葡萄紫26）×2，（深蓝2，樱桃红26）×2。

织物组织设计（图1）

图1 织物组织图（上机图）

织物效果及模拟应用（图2、图3）

图2　织物效果图

图3　织物模拟应用

16. 昼城夜市

设计灵感

织物采用菱形斜纹组织，黑白两色纬纱采用缂丝织法投纬。根据纱线错落点的不同变化，右边的白色形成昼，表示白天人们在各自忙碌；左边的黑色形成夜，到了晚上，大家不再受束缚，带着自己的节奏感，开始丰富多彩的生活。织物描绘了一种现代都市生活方式。

色纱排列

经纱：白。

纬纱：白1，黑1，缂丝织法。

织物组织设计（图1）

图1 织物组织图（上机图）

织物效果及模拟应用（图2、图3）

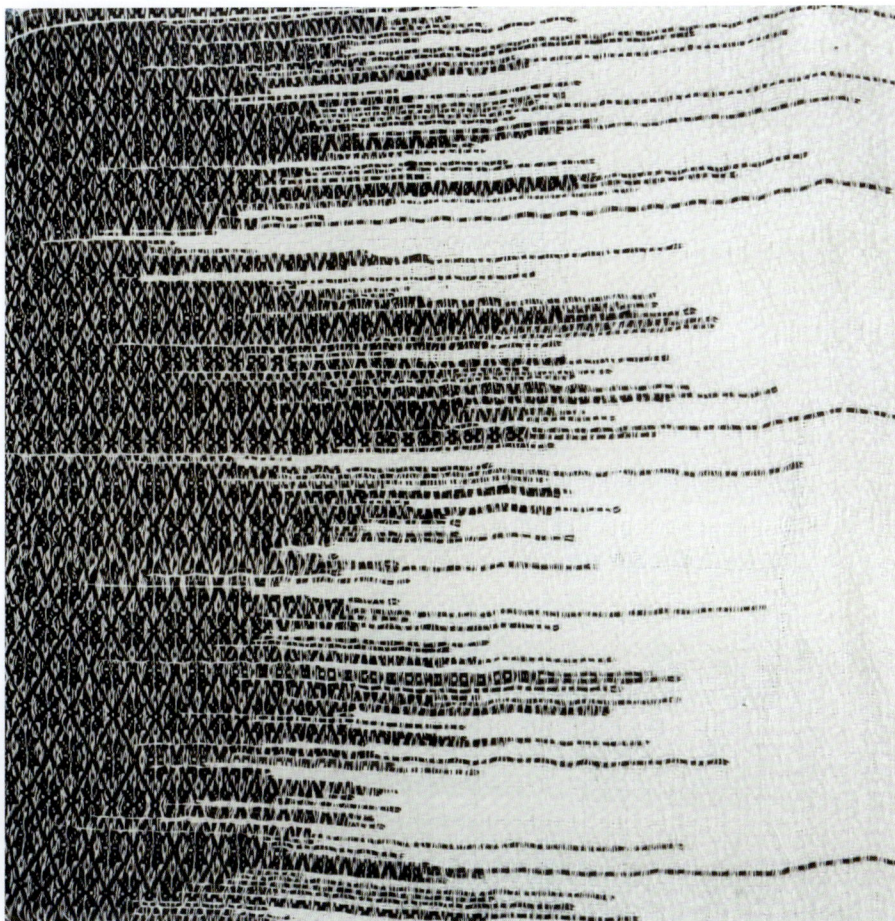

图2　织物效果图

图3　织物模拟应用

17. 褶逸

设计灵感

织物的设计从生活中的折扇汲取灵感，把扇子的折叠形式运用到面料设计中。以凸条组织为基础，结合弹性纱线进行面料设计。在色彩的选择上，采用白色、紫色渐变为主，同时加入少量红棕色作为点缀。渐变有着延展性的变化，折射出大自然的色彩。

色纱排列

经纱：深紫12，棕6，深紫24，棕6，深紫12，紫12，棕6，紫24，棕6，紫12，浅紫12，棕6，浅紫24，棕6，浅紫12，粉紫12，棕6，粉紫24，棕6，粉紫12。

纬纱：75旦涤纶长丝氨纶包缠纱1，白1。

织物组织设计（图1）

图1　织物组织图（上机图）

织物效果及模拟应用（图2、图3）

图2　织物效果图

图3　织物模拟应用

18. 雅韵

设计灵感

织物采用菱形、星点设计,简单而不单调,黑色和蓝色搭配,给人仰望星空的感觉,仿佛今晚的星星格外的闪耀动人。通常简单的配色更能体现面料清新雅致的特点。

色纱排列

经纱:黑4,蓝1,黑1,蓝1,黑1,蓝1,黑4,蓝12,黑4,蓝1,黑1,蓝1,黑1,蓝1,黑4。

纬纱:黑。

织物组织设计(图1)

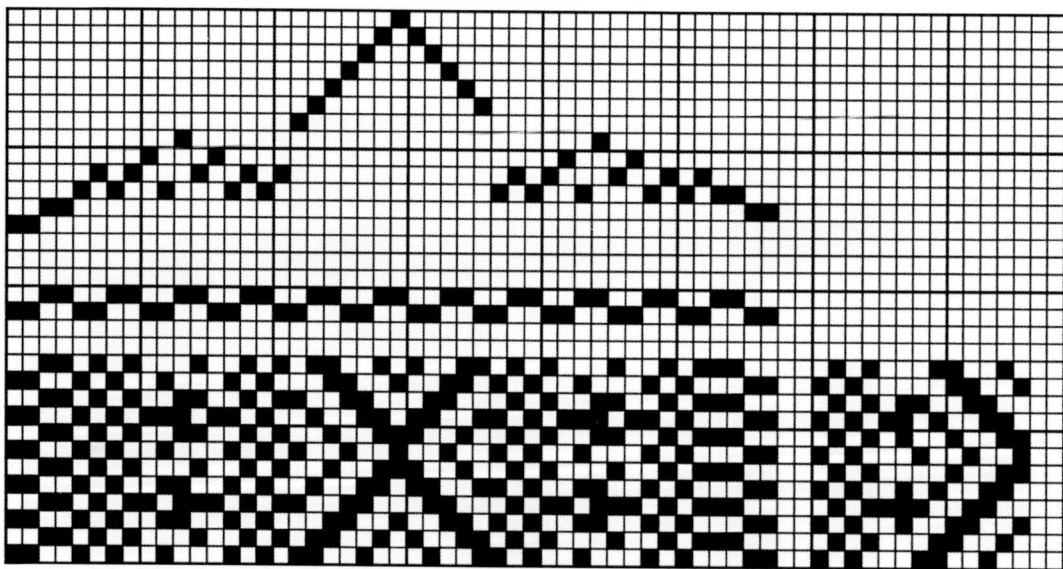

图1 织物组织图(上机图)

织物效果及模拟应用（图2、图3）

图2　织物效果图

图3　织物模拟应用

19. 真爱天梯

设计灵感

爱情是人类永恒的话题，偕行是伴侣一生的追求。织物采用变化的组织，搭配不同粗细的纬纱，在织物表面形成独特的阶梯状肌理效果，象征感动中国人物之一的重庆一位丈夫，穷其一生的心血在陡峭的石壁上，为爱人凿出的6000级真爱天梯。

色纱排列

经纱：黑1，橙1，白1。

纬纱：编织线1，白1。

织物组织设计（图1）

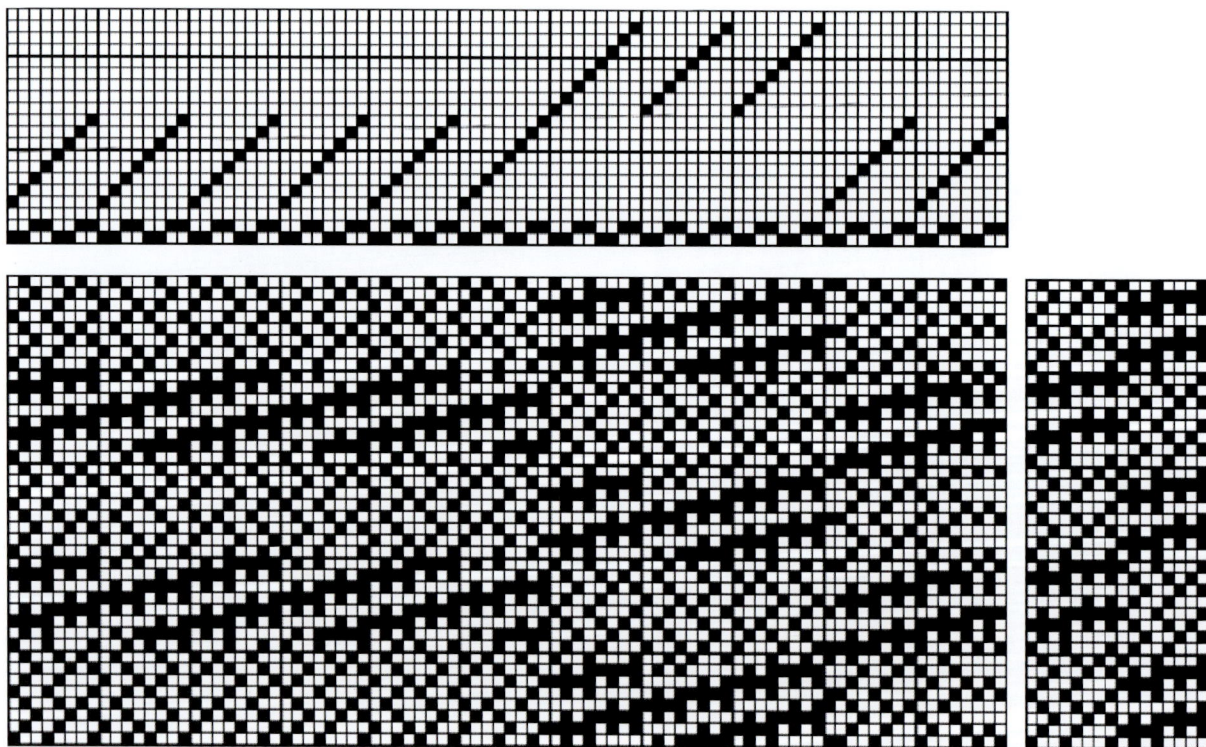

图1　织物组织图（上机图）

织物效果及模拟应用（图2、图3）

图2　织物效果图

图3　织物模拟应用

20. 筑梦

设计灵感

　　清新的色彩代表美好的梦想，给人柔和、舒适的感觉，使人身心愉悦。排列规整的条格图案象征理智，表示人们有条不紊地追求自己的理想，织物图案由多种组织构成，表达出平凡的世界中蕴藏着不一样的理想信念。

色纱排列

　　经纱：土黄5，褐5，白6，蓝4，白6，蓝4，土黄5，褐5，白1，蓝1，（白1，蓝1）×4，土黄5，褐5，白20。

　　纬纱：白10，蓝6，白10，蓝6，土黄6，褐6。

织物组织设计（图1）

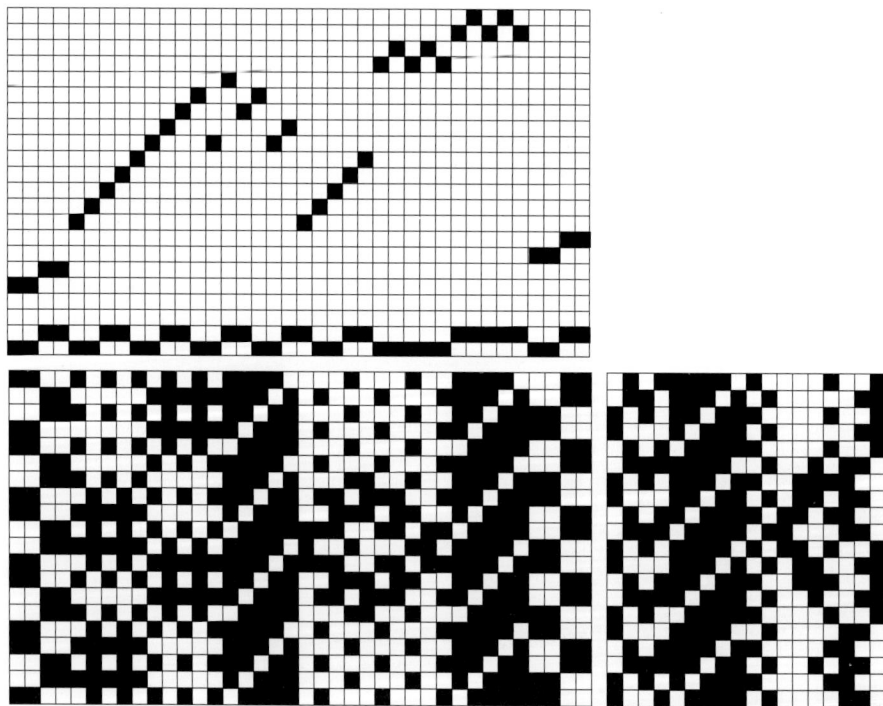

图1　织物组织图（上机图）

织物效果及模拟应用（图2、图3）

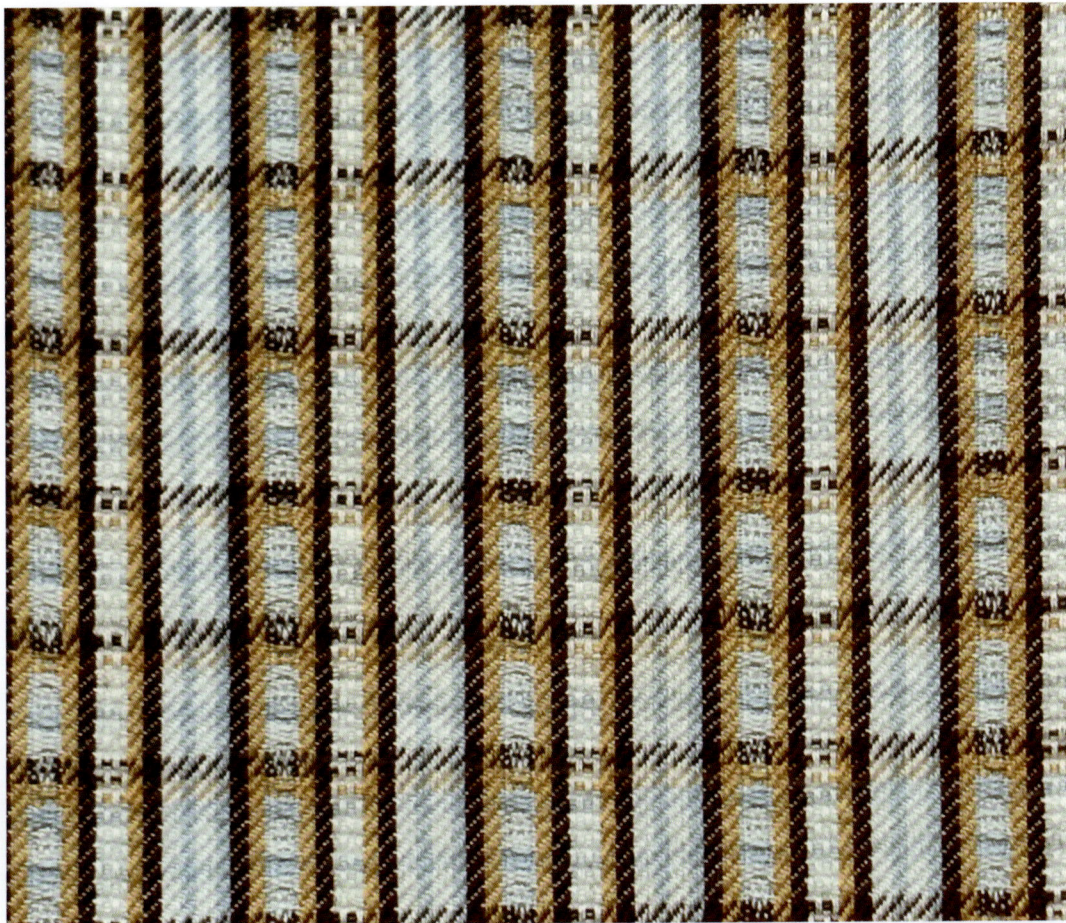

图2 织物效果图

图3 织物模拟应用

21. 层云

设计灵感

层层云朵飘浮在天空中，拥有各种奇特的形状，有的像动物，有的像水果，有的像大山，也有的像大树，给天空增添了一番别样的情趣。面料采用接结双层组织，纬纱采用缂丝织法，搭配鲜明的配色，使织物呈现特殊的效果。

织物组织设计（图1）

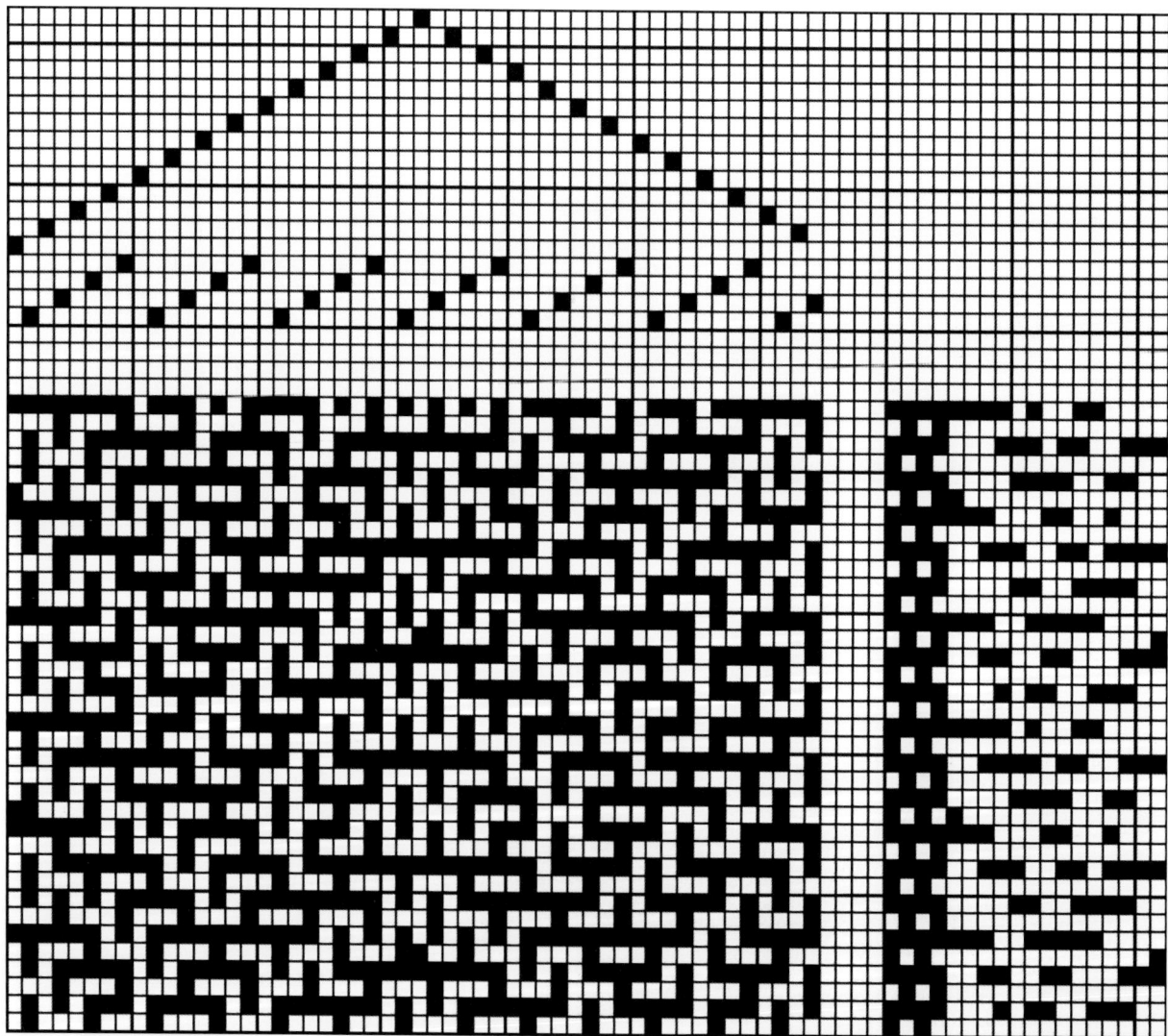

图1 织物组织图（上机图）

色纱排列

经纱：蓝。

纬纱：蓝1，红1，黄1，绿1，缂丝织法。

织物效果及模拟应用（图2、图3）

图 2 织物效果图

图 3 织物模拟应用

22. 炽热

设计灵感

　　炽热的太阳虽然还未直照，但路旁的沙土已现出微弱的光亮。织物组织采用表里换层双层结构，纱线颜色采用了棕色和黄色两种较暖的色调，如同火焰在炽热燃烧。

色纱排列

　　经纱：（黄1，棕1）×8。

　　纬纱：（黄1，棕1）×8。

织物组织设计（图1）

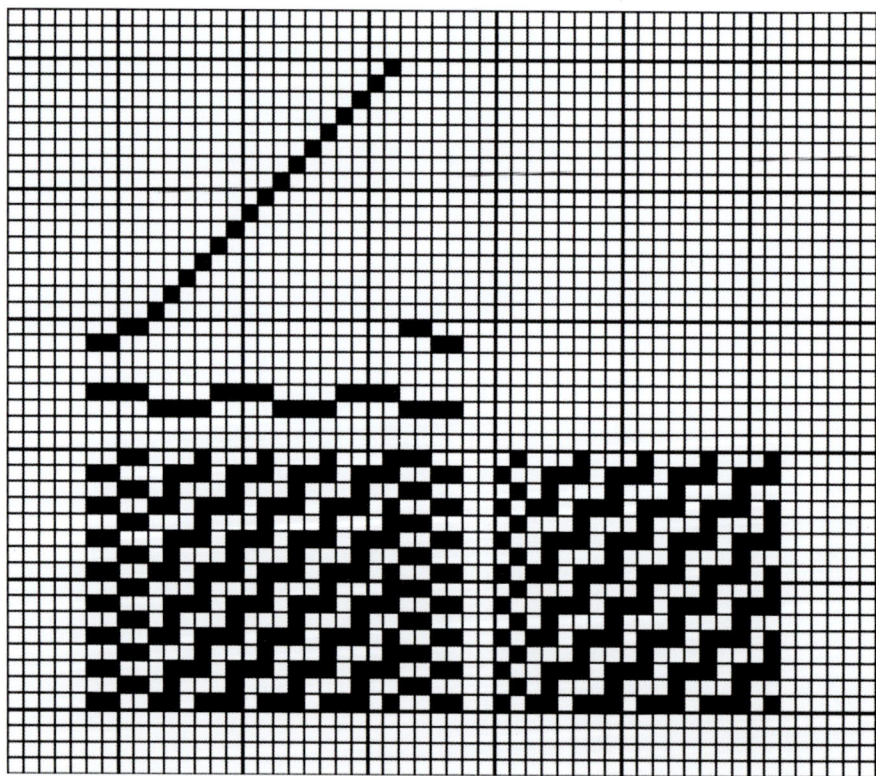

图1　织物组织图（上机图）

织物效果及模拟应用（图2、图3）

图2　织物效果图

图3　织物模拟应用

23. 浮生

设计灵感

看惯了花红柳绿、灯红酒绿，粗布麻衣传递出更多简单、质朴、纯真的天性和怡然自得。织物采用几种纯度较低的颜色，搭配跳跃的橙色，采用几组不同的组织左右交替排列，组成条纹图案，显得更加自然随性。

色纱排列

经纱：白20，红棕35，土黄40，白20，黑25，白30，橙40，白25，黑20，黄35，黑20。

纬纱：白。

织物组织设计（图1）

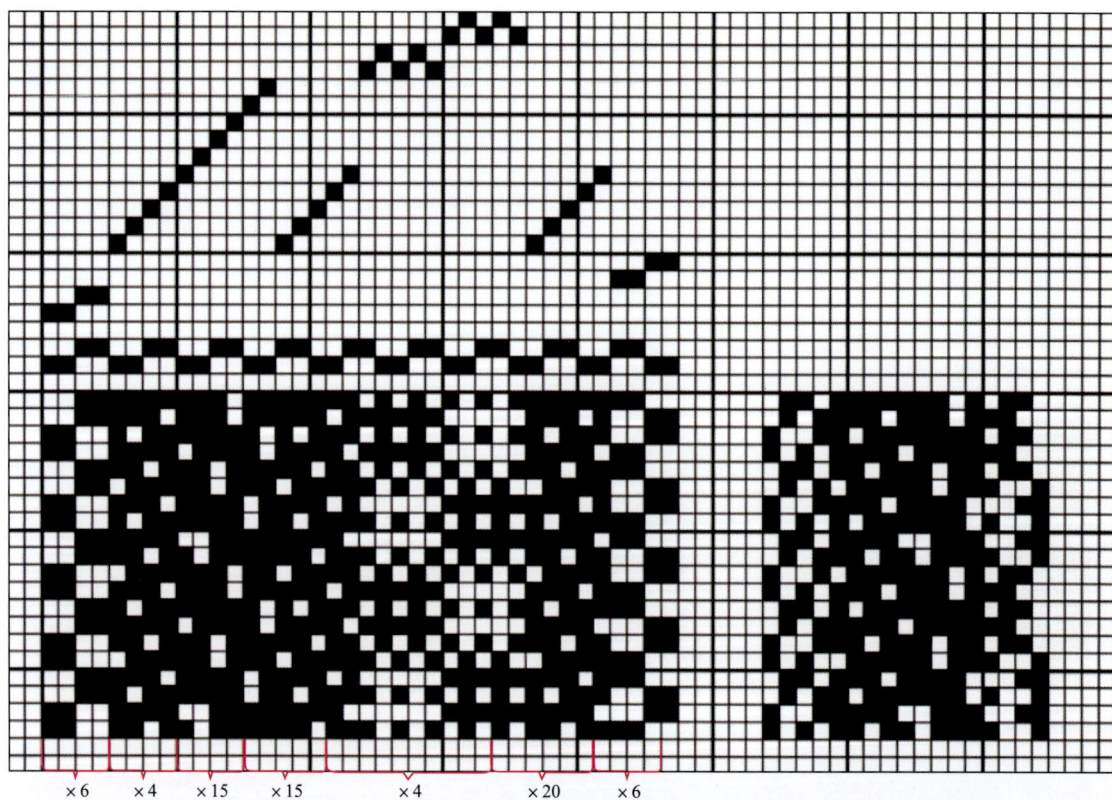

| ×6 | ×4 | ×15 | ×15 | ×4 | ×20 | ×6 |

图1　织物组织图（上机图）

织物效果及模拟应用（图2、图3）

图2　织物效果图

图3　织物模拟应用

24. 银河璀璨

设计灵感

如果我是一颗星，就要做最亮的一颗，挂在最醒目的位置，为迷航的人指引方向，实现释放光芒的意义。蓝色系织物犹如浩瀚的星空，纬纱中加入珠子和亮片等特殊材质点缀，犹如深邃夜空中一颗颗闪亮的星星。一片片晶莹的小亮片就像钻石镶嵌在深蓝的夜空。织物整体雅致大方，实用性强。

色纱排列

经纱：深蓝3，湖蓝3，浅蓝2，深蓝3，白2，浅蓝3。

纬纱：白。

织物组织设计（图1）

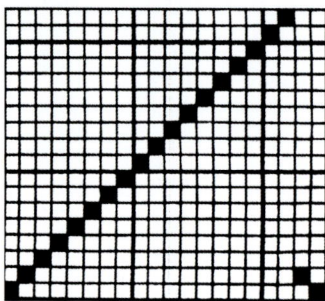

图1 织物组织图（上机图）

织物效果及模拟应用（图2、图3）

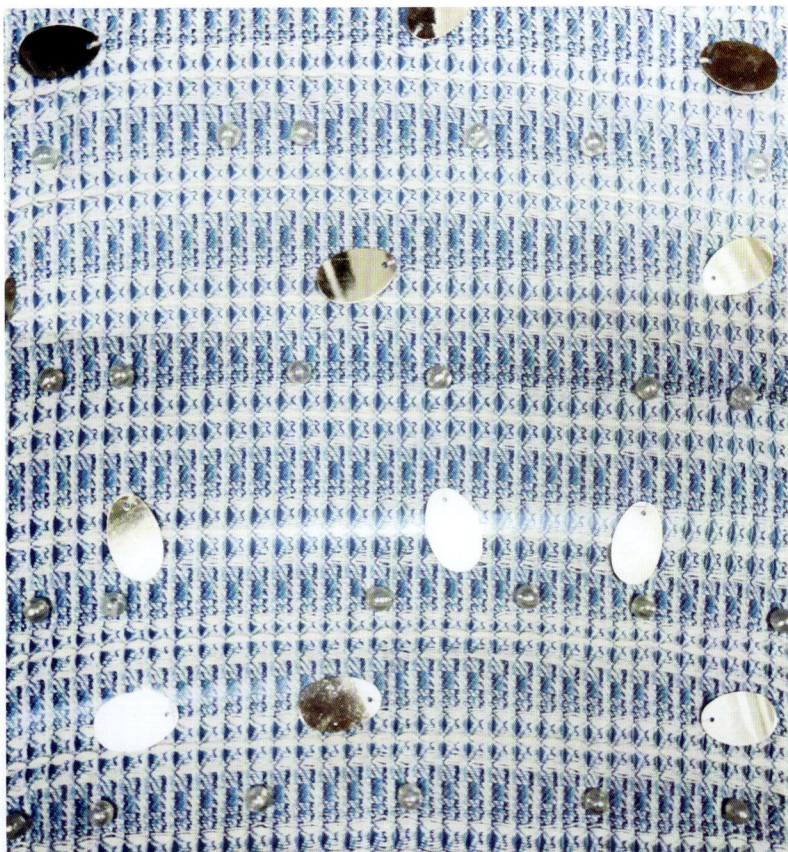

图2　织物效果图

图3　织物模拟应用

25. 夏日抹茶

设计灵感

碧云引风吹不断，抹茶是带给人夏日之感的清新之绿。面料利用抹茶色为色彩元素结合变化组织，织就那一抹夏日清凉。来，用抹茶开始夏天。

色纱排列

经纱：深绿32，黄绿32。

纬纱：淡黄。

织物组织设计（图1）

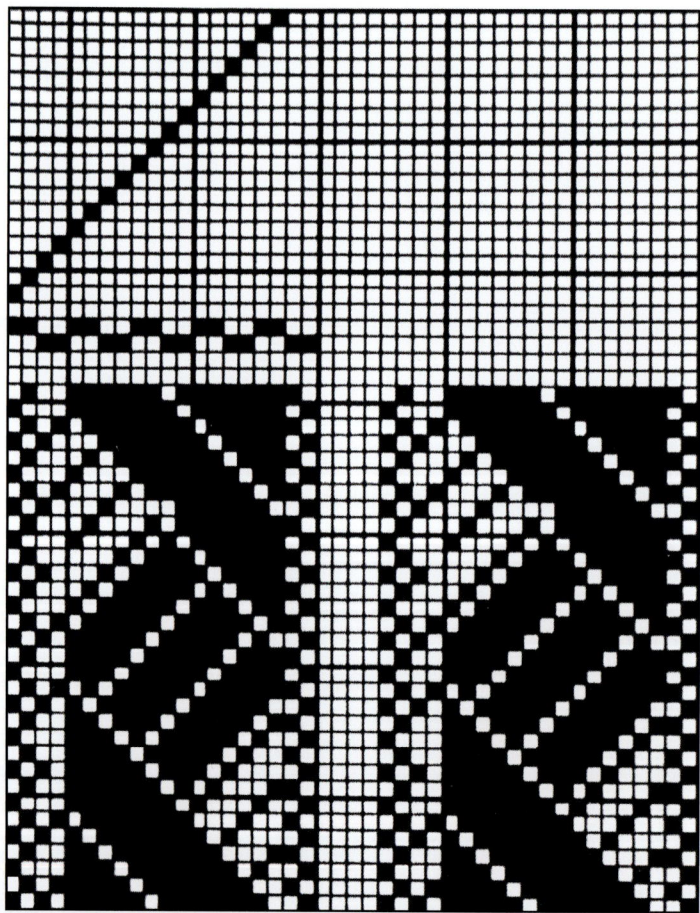

图1　织物组织图（上机图）

织物效果及模拟应用（图2、图3）

图2　织物效果图

图3　织物模拟应用

26. 近梦

设计灵感

　　面料采用蜂巢组织，表面形成规则的边部高中间低的四方形凹凸花纹。巢穴代表梦想，网目代表前进的方向，随着网目的牵引，向着勃拉东蜂巢组织慢慢前进，终会找到实现理想的路。人们时刻都在为梦想而奋斗、拼搏。虽然梦想不同，但顽强拼搏的精神是永恒的主题。

色纱排列

　　经纱：粉6，红12，粉12，红12，黄7，灰2，黄2，灰2，黄7，白4，灰2，白8，灰2，白4，红12，粉6。

　　纬纱：白。

织物效果及模拟应用（图1、图2）

图1　织物效果图

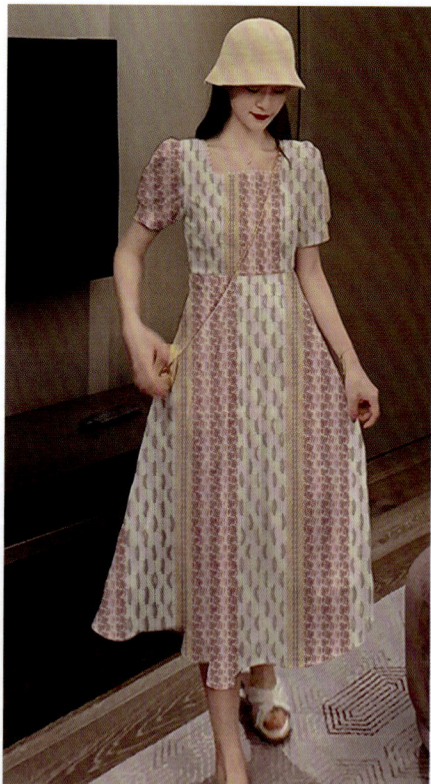

图2　织物模拟应用

织物组织设计（图 3）

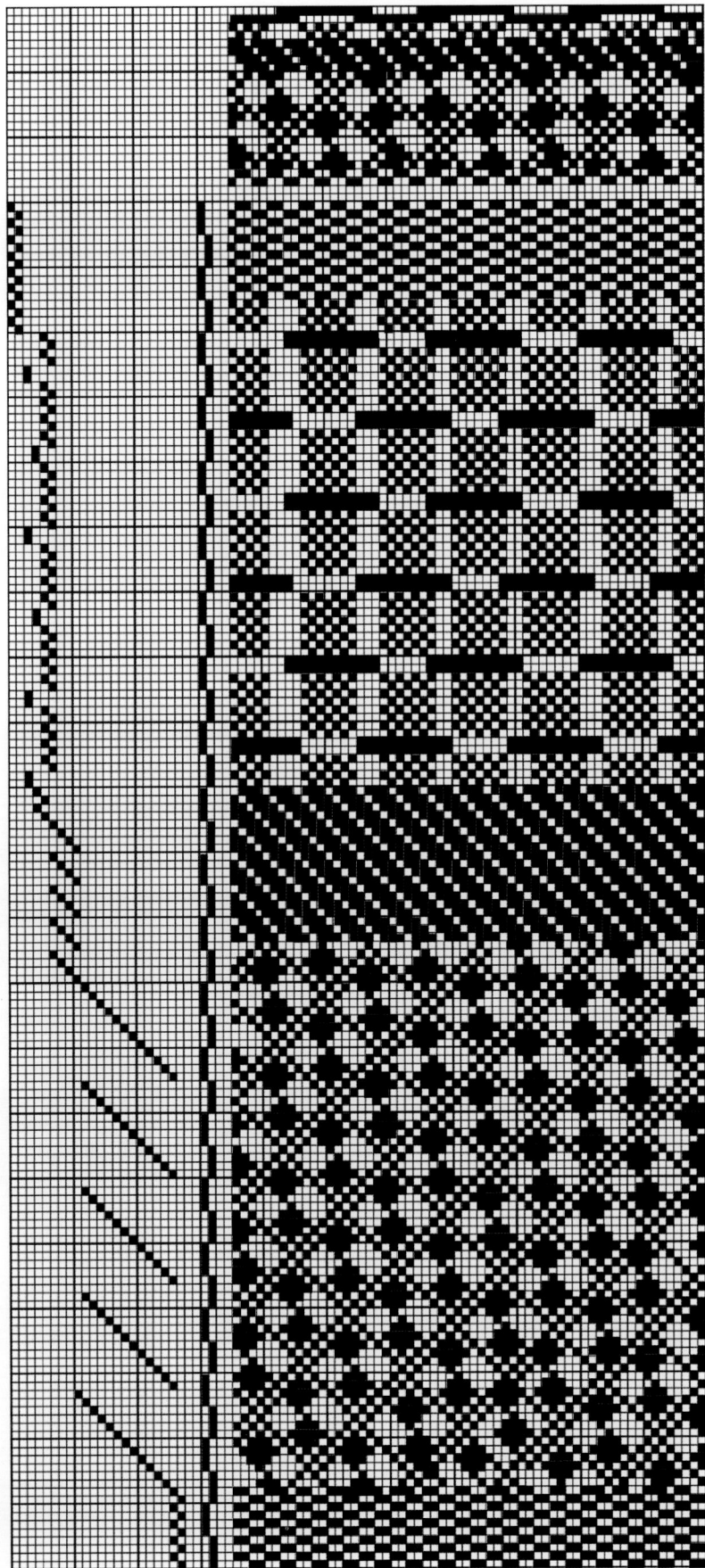

图 3　织物组织图（上机图）

27. 朴素

设计灵感

　　面料运用四种组织、四种颜色，以暗色调为主，具有民族风情，适用于披肩、沙发等。面料图案配色朴素、简单，使人联想到日出而作、日落而息的田园生活，很让人向往。

色纱排列

　　经纱：黑12，绣红20，黑4，绿1，（黑1，绿1）×5，（黑1，蓝1）×6，黑1，黑12。
　　纬纱：黑。

织物组织设计（图1）

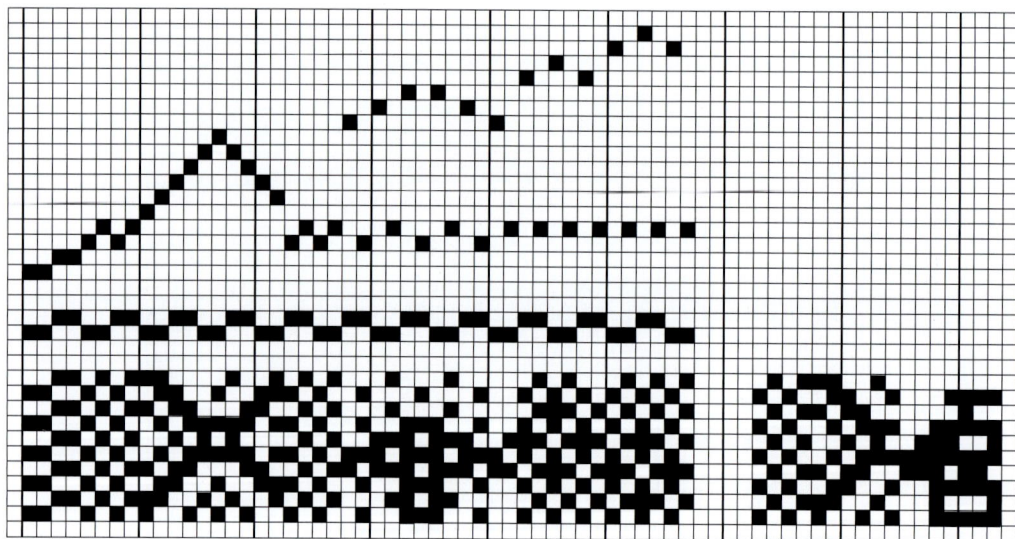

图1　织物组织图（上机图）

织物效果及模拟应用（图2、图3）

图2　织物效果图

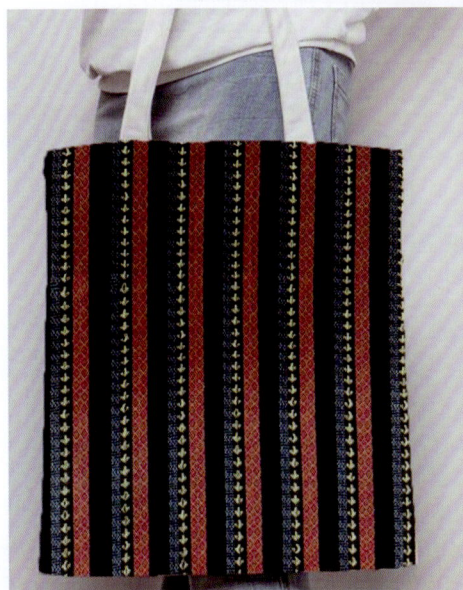

图3　织物模拟应用

28. 融合

设计灵感

面料采用棕色、浅蓝色、深蓝色、白色和黑色几种颜色，利用多种不同组织左右配置，可以形成多种变化组织和色彩效果，体现组织和色彩的交融美。

色纱排列

经纱：棕3，浅蓝5，棕3，深蓝5，棕3，浅蓝5，棕3，深蓝5，白4，黑17，白4，深蓝5。

纬纱：白。

织物组织设计（图1）

图1　织物组织图（上机图）

织物效果及模拟应用（图2、图3）

图2　织物效果图

图3　织物模拟应用

29. 盛夏幽莲

设计灵感

炎热的夏天，一抹蓝色的幽莲给人带来丝丝清凉。冷色调的搭配，深蓝、浅蓝和白色等交错相通，表里换层组织形成多种经纬纱交织的经典格子图案，永不过时，可以用来制作遮阳帽，夏季服饰等。

色纱排列

经纱：（蓝1、白1）×3，（浅蓝1、白1）×3。

纬纱：白。

织物组织设计（图1）

图 1 织物组织图（上机图）

织物效果及模拟应用（图2、图3）

图2 织物效果图

图3 织物模拟应用

30. 蓝冰幽光

设计灵感

竖条代表岁月，小黑点代表变数。人生充满变数，在经历过很多事之后，我们才能更好地体会生活。岁月如同蜿蜒曲折的海岸线，永远看不到头。面料采用蓝色和黑色搭配，加上组织的变化，形成光影效果，有很强的艺术感，令人充满遐想。

色纱排列

经纱：白28，黑10，深蓝1，黑3，深蓝1，黑2，深蓝1，黑1，深蓝1，黑1，深蓝1，黑1，深蓝2，黑1，深蓝3，黑1，深蓝10，普鲁士蓝1，深蓝3，普鲁士蓝1，深蓝2，普鲁士蓝1，深蓝1，普鲁士蓝1，深蓝1，普鲁士蓝1，深蓝1，普鲁士蓝2，深蓝1，普鲁士蓝3，深蓝1，普鲁士蓝8，浅蓝1，普鲁士蓝3，浅蓝1，普鲁士蓝2，浅蓝1，普鲁士蓝1，浅蓝1，普鲁士蓝1，浅蓝1，普鲁士蓝1，浅蓝3，普鲁士蓝1，浅蓝24，普鲁士蓝1，浅蓝3，普鲁士蓝1，浅蓝2，普鲁士蓝1，浅蓝1，普鲁士蓝1，浅蓝1，普鲁士蓝1，浅蓝1，普鲁士蓝2，浅蓝1，普鲁士蓝3，浅蓝1，普鲁士蓝10，浅蓝1，普鲁士蓝3，深蓝1，普鲁士蓝2，深蓝1，普鲁士蓝2，深蓝1，普鲁士蓝1，深蓝1，普鲁士蓝1，深蓝1，普鲁士蓝1，深蓝1，普鲁士蓝1，深蓝1，普鲁士蓝2，深蓝9，黑1，深蓝3，黑1，深蓝2，黑1，深蓝1，黑1，深蓝1，黑1，深蓝1，黑1，深蓝2，黑1，深蓝3，黑12，深蓝6，白28。

纬纱：黑。

织物组织设计（图1）

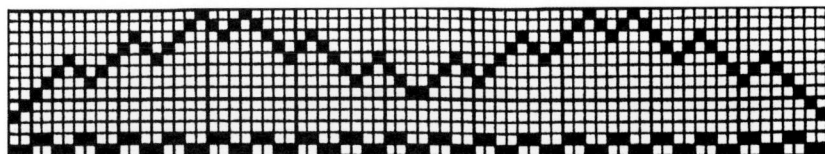

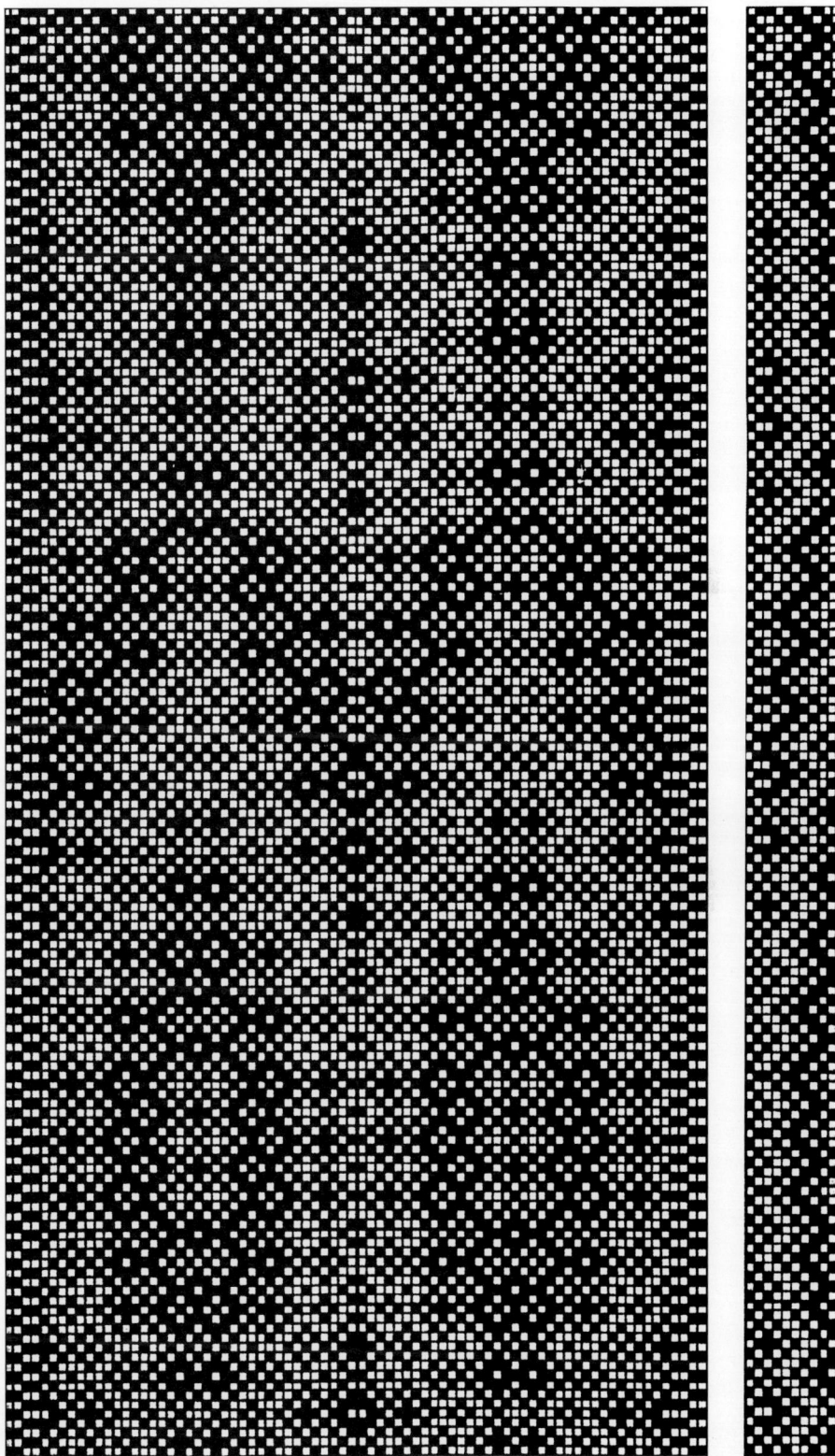

图 1 织物组织图（上机图）

织物效果及模拟应用（图2、图3）

图2　织物效果图

图3　织物模拟应用

31. 仄平

设计灵感

织物在平纹组织的基础上，利用纬纱（弹力纱）浮长线的改变形成弹性凸条纹样。组织花型变化较大，穿综采用照图穿法。利用纬浮长线点的增加或减少，形成具有空间感和立体延伸效果的织物。在色彩上选择深色系，使织物更有表现力，形成褶皱，如同沧桑的岁月的印记。

织物组织设计（图1）

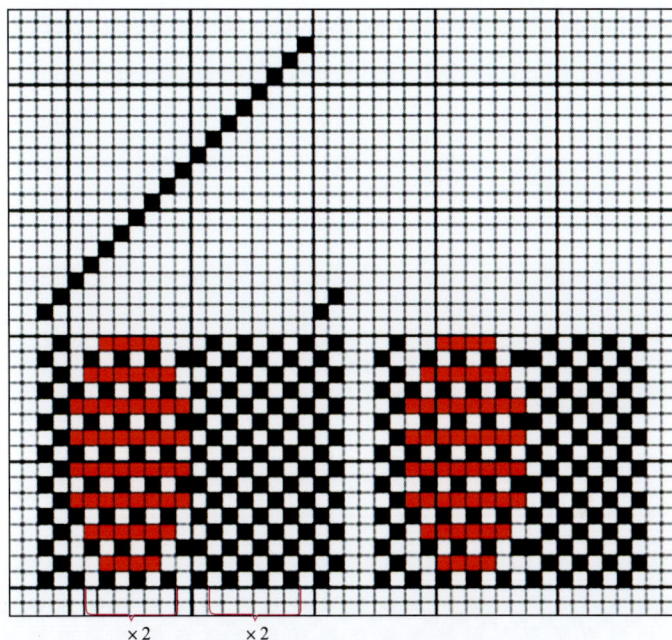

图1 织物组织图（上机图）

原料组成

经纱为棉32英支/2，纬纱为32英支/2棉和111dtex涤纶弹力纱。

色纱排列

经纱：藏青。

纬纱：藏青1，白1。

织物效果及模拟应用（图2、图3）

图2 织物效果图

图3 织物模拟应用

32. 一花一叶

设计灵感

绿色代表生命和活力，象征和谐、真实、自然。织物采用叶子的元素和平纹地小提花组织，整体颜色选用绿色系，给人清新宜人的感觉。

色纱排列

经纱：棕24，嫩黄33，蓝9，橙14，黄绿33，蓝9，橙14，淡绿33，蓝9，橙14，草绿33，蓝9，橙14，淡绿33，蓝9，橙14，黄绿33，蓝9，橙14，棕24。

纬纱：白56，绿56。

织物组织设计（图1）

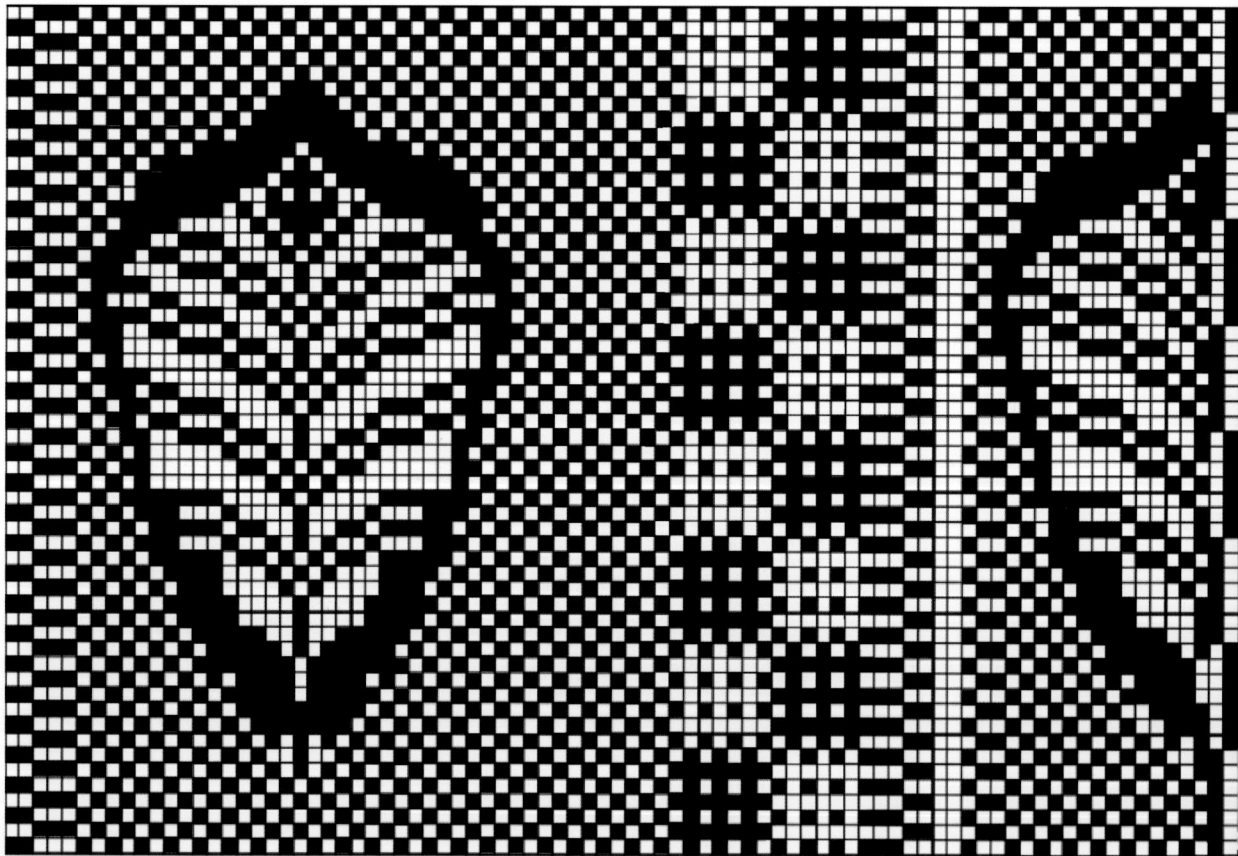

图1 织物组织图（上机图）

織物效果及模擬應用（圖2、圖3）

图 2　织物效果图

图 3　织物模拟应用

33. 焕彩霓虹

设计灵感

将红色、黄色、蓝色、绿色四种颜色通过渐变式、螺旋式的织物组织结构呈现在面料上，使整块面料更具视觉冲击力及节奏感，勾勒出霓虹般变幻的意境。

色纱排列

经纱：浅蓝1，墨绿3，深蓝2，浅蓝2，墨绿2，深蓝2，浅蓝3，墨绿1，深蓝2，浅蓝3，粉1，深蓝2，浅蓝3，粉2，深蓝1，浅蓝3，粉3，浅蓝3，粉3，黄1，浅蓝2，粉3，黄2，浅蓝1，粉3，黄2，红1，粉3，黄2，红2，粉2，黄2，红3，粉1，黄2，红3，墨绿1，黄2，红3，墨绿2，黄1，红3，墨绿3，红3，墨绿3，深蓝1，红2，墨绿3，深蓝1，红1，墨绿3，深蓝2，浅蓝3，粉3，黄1，浅蓝2，粉3，黄2，浅蓝1，粉3，黄2，红1，粉3，黄2，红2，粉2，黄2，红3，粉1，黄2，红3，墨绿1，黄2，红3，墨绿2，黄1，红3，墨绿3，红3，墨绿3，深蓝1，红2，墨绿3，深蓝2，红1，墨绿3，深蓝1。

纬纱：紫2，深蓝2，紫7，深蓝3，紫6，深蓝4，紫5，深蓝5，紫4，深蓝6，紫3，深蓝7，紫2，深蓝8，紫1，深蓝12，紫2，深蓝7，紫3，深蓝6，紫4，深蓝5，紫5，深蓝4，紫6，深蓝3，紫7，深蓝2，紫8，深蓝1，紫12，深蓝2，紫7，深蓝3，紫6，深蓝4，紫5，深蓝5，紫4，深蓝6，紫3，深蓝7，紫2，深蓝8，紫1，深蓝12，紫2，深蓝7，紫8，深蓝1，紫12，深蓝2，紫7，深蓝3，紫6，深蓝4，紫5，深蓝5，紫4，深蓝6，紫3，深蓝7，紫2，深蓝7。

原料

经纱：纯棉21英支/2。

纬纱：纯棉21英支/2、30英支+35μm不锈钢丝包芯赛络纺纱。

织物组织设计（图1）

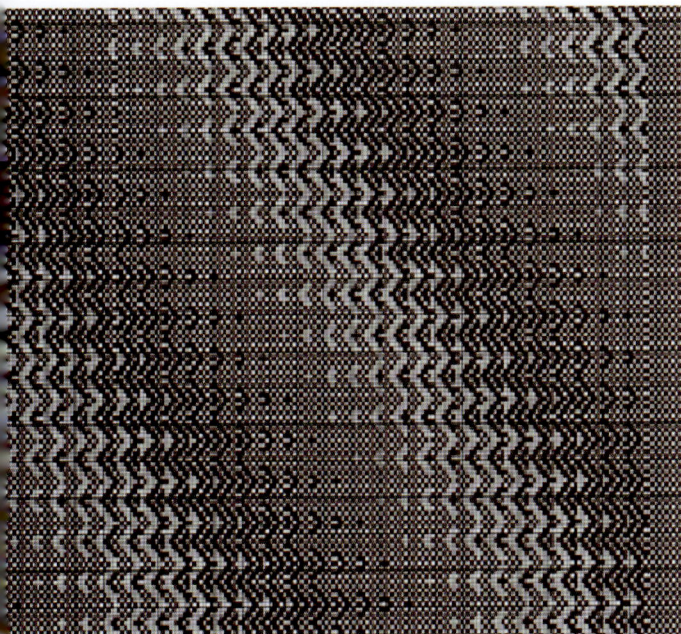

图1 织物组织图（上机图）

织物效果及模拟应用（图2、图3）

图2 织物效果图

图3 织物模拟应用

34. 碧水川流

设计灵感

面料将蓝绿色作为主要色调，采用绉组织，形成碧水川流的效果。横向的深蓝色过渡到浅蓝色，仿佛阳光照耀下不同角度呈现川流的明暗变化，纵向的看线条断断续续，就像飞流而下的瀑布，呈现"飞流直下三千尺，疑似银河落九天"的意境。

色纱排列

经纱：浅蓝1，白3，深蓝1，白1，浅蓝1，白3，（浅蓝1，白1，浅蓝1，深蓝3）×2，白2，浅蓝2，白1，浅蓝1，白1，（深蓝1，浅蓝1）×2，白1，浅蓝1，深蓝1，浅蓝1，白1，（深蓝2，白2，浅蓝2，白2）×6，深蓝2，（白3，浅蓝1）×5，（白3，深蓝1）×5，（白2，浅蓝2，白2，深蓝2）×7，浅蓝1，白3，深蓝1，白1，浅蓝1，（浅蓝1，深蓝1）×4，（白1，浅蓝1，）×10，深蓝1，白1，浅蓝1，白3，深蓝1，白1。

纬纱：白。

织物组织设计（图1）

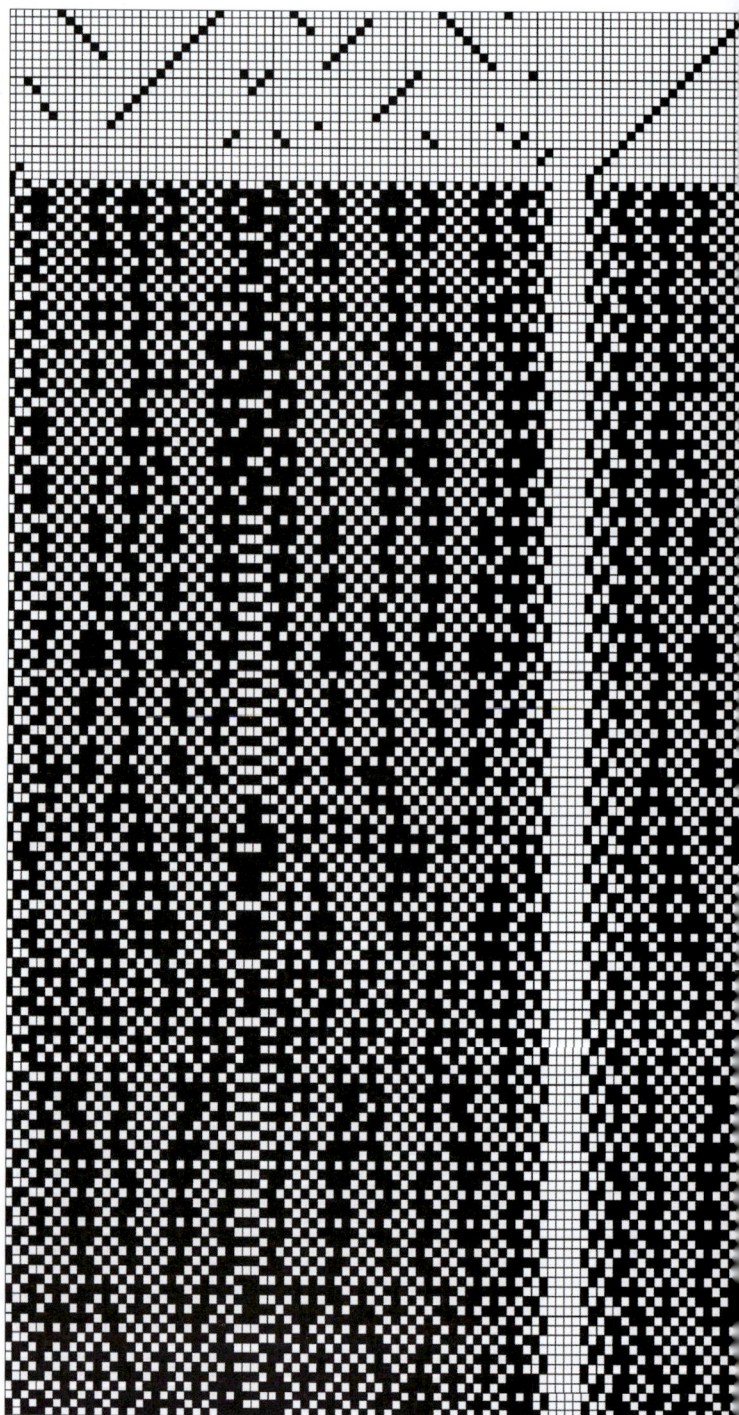

图1 织物组织图（上机图）

织物效果及模拟应用（图2、图3）

图2　织物效果图

图3　织物模拟应用

35. 剪

设计灵感

小碎花元素既复古又现代，给人梦幻、简洁、淡雅、唯美的感觉。采用经起花加上剪花工艺，设计出自然清新的碎花图案，营造浪漫与温馨，呈现优雅宁静的视觉效果。

织物组织设计（图1）

图 1　织物组织图（上机图）

原料组成

棉35%，玉米纤维40%，5%彩纱，金银合股20%。

色纱排列

经纱：（白1，彩纱1）×4，（白1，红1）×22，（白1，黄1）×22，（白1，蓝1）×22，（白1，紫1）×22。

纬纱：白24，（白1，金银合并1）×12，白24。

织物效果及模拟应用（图2、图3）

图2　织物效果图

图3　织物模拟应用

36. 巴音布鲁克

设计灵感

青青的草原上有花、有悬崖、有树，草原南面和东面临海，中间有一条叫"青青河"的河流。绵延不尽的青翠草原，牛羊群不时穿梭其中，远山氤氲，雾气缭绕，绿海连天，草原风光，美不胜收。

色纱排列

经纱：黄5，绿3，黄4，绿4，黄3，绿5，黄2，绿5，黄1，绿6，深绿1，绿5，深绿3，绿4，深绿4，绿3，深绿5，绿2，深绿4，绿1，深绿5，蓝1，深绿5，蓝3，深绿2，深蓝3，深绿3，蓝6，深绿5，蓝1，深蓝3，蓝3，深蓝5，深绿5，蓝4，深绿3，蓝4，深绿6，蓝5，深绿2，深蓝3，深绿4，蓝3，深绿5，蓝1，深绿4，绿1，深绿4，绿2，深绿5，绿3，深绿4，绿4，深绿3，绿5，深绿1，绿4，黄1，绿5，黄2，绿5，黄3，绿4，黄4，绿3，黄5，绿2，黄6，绿2，黄5，绿3，黄4，绿4，黄4，绿5。

纬纱：黄5，绿3，黄4，绿4，黄3，绿5，黄2，绿6，黄1，绿6，深绿1，绿5，深绿3，绿4，深绿4，绿3，

织物组织设计（图1）

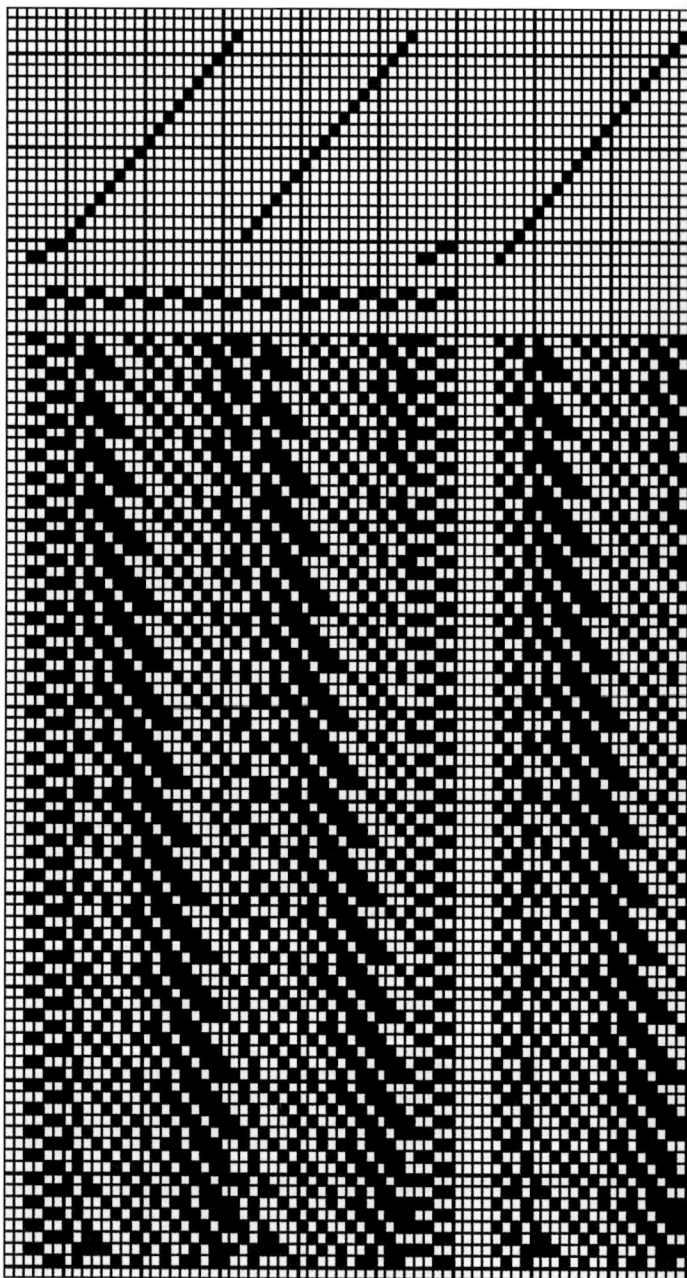

图1　织物组织图（上机图）

织物效果及模拟应用（图2、图3）

深绿5，绿2，深绿6，绿1，深绿6，蓝1，
深绿5，蓝3，深绿4，蓝4，深绿3，蓝5，
深绿2，蓝6，深绿1，蓝6，深蓝1，蓝5，
深蓝3，蓝4，深蓝4，蓝3，深蓝5，蓝2，
深蓝6，蓝1，深蓝6，黄1，深蓝4，黄3，
深蓝2，黄4，深蓝1，绿4，黄4，绿5。

图2　织物效果图

图3　织物模拟应用

37. 繁花似锦

设计灵感

纱线采用印经方式，把繁花似锦的春天描绘在面料上，加上组织和段染纱线的组合排列，在织物上获得柔和的影纹和隐约的图案效果，每一块面料都独一无二。

织物组织设计（图1）

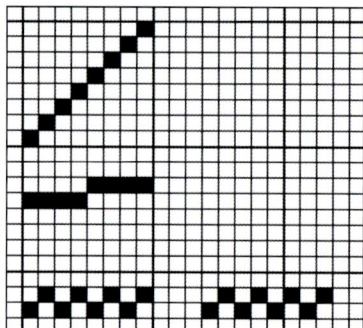

图1 织物组织图（上机图）

织物效果及模拟应用（图2、图3）

图2 织物效果图

色纱排列

经纱：A表示按照花型印经的纱线，B表示蓝色段染纱。38A，1B，9A，2B，9A，3B，9A，4B，9A，5B，9A，5B，9A，6B，9A，7B，（9A，8B）×20，9A，7B，9A，6B，9A，5B，9A，4B，9A，3B，9A，2B，9A，1B，38A。

纬纱：白。

图3　织物模拟应用

38. 那一片海

设计灵感

夏日清晨的蔚蓝海面让人感到心旷神怡，那一抹绯红仿若天际迷人的霞光，给织物增添独特的韵味。用这种别具特色的织物做成服装、家纺等产品，让夏日气息扑面而来。

色纱排列

经纱：玫红 10，蓝 80，玫红 10，蓝 90。

纬纱：白。

织物组织设计（图 1）

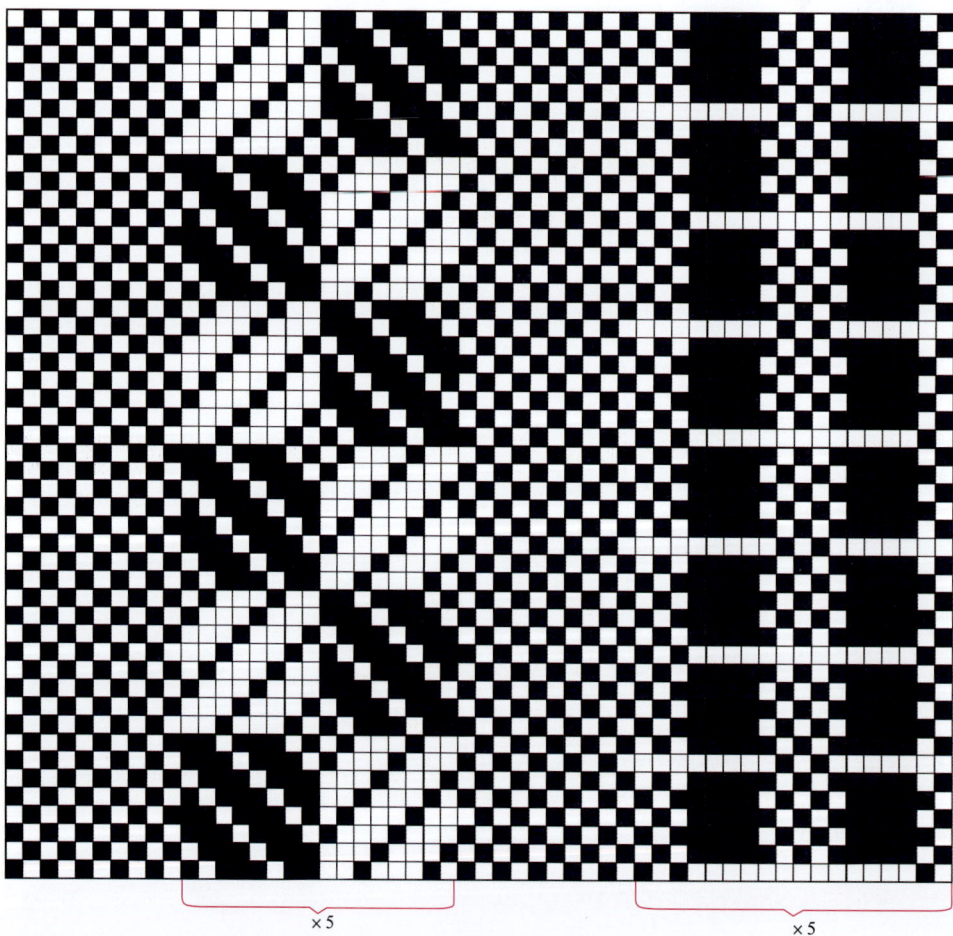

×5　　　　　　　　　　　×5

图 1　织物组织图（上机图）

织物效果及模拟应用（图2、图3）

图2　织物效果图

图3　织物模拟应用

39. 车水马龙

设计灵感

面料以白色为地形成平纹地经起花组织，断断续续的线条犹如马路上的车行线，蓝色、绿色、紫色等各种不同的小汽车在马路上川流不息，热闹非凡。

色纱排列

经纱：白4，绿2，白2，绿2，白10，（白1，蓝1）×22，白8，蓝2，白2，蓝2，白10，绿2，白2，绿2，白10，（白1，绿1）×22，白8，紫2，白2，紫2，白10，玫红2，白2，玫红2，白10，（白1，紫1）×22，白8，紫2，白2，紫2，白10，玫红2，白2，玫红2，白10，（白1，玫红1）×22，白8，蓝2，白2，蓝2，白6。

纬纱：白。

织物组织设计（图1）

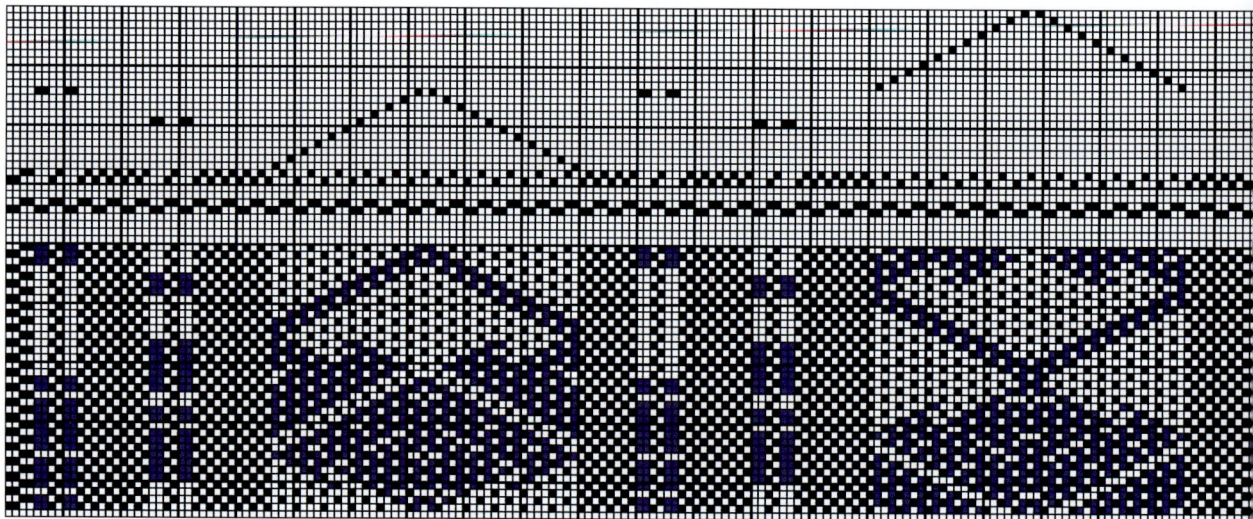

图1 织物组织图（上机图）

织物效果及模拟应用（图2、图3）

图2　织物效果图

图3　织物模拟应用

40. 秘色重光

设计灵感

面料采用传统的经二重起花组织和手工编结工艺相结合、彩色印经工艺和普通纱线相结合，形成楼梯式的构图，代表着丰收，宛如秘色瓷晶莹润泽。

色纱排列

经纱：（黑1，彩色印经1）×56。

纬纱：黑。

织物组织设计（图1）

图1　织物组织图（上机图）

织物效果及模拟应用（图2、图3）

图2 织物效果图

图3 织物模拟应用

41. 春意

设计灵感

春天象征着生机盎然、万物复苏、新的起点以及对未来的希望与期盼，希望新的一年都向好的方向发展。面料采用平纹、凸条、经二重组织，纱线颜色采用绿色、黄色、蓝色、白色排列，绿色代表希望和活力；黄色代表温暖和对美好生活的向往；蓝色代表宁静和自由。

色纱排列

经纱：深绿4，白12，深绿4，（蓝1，黄1）×20，深绿4，白12，深绿4。

纬纱：草绿。

织物组织设计（图1）

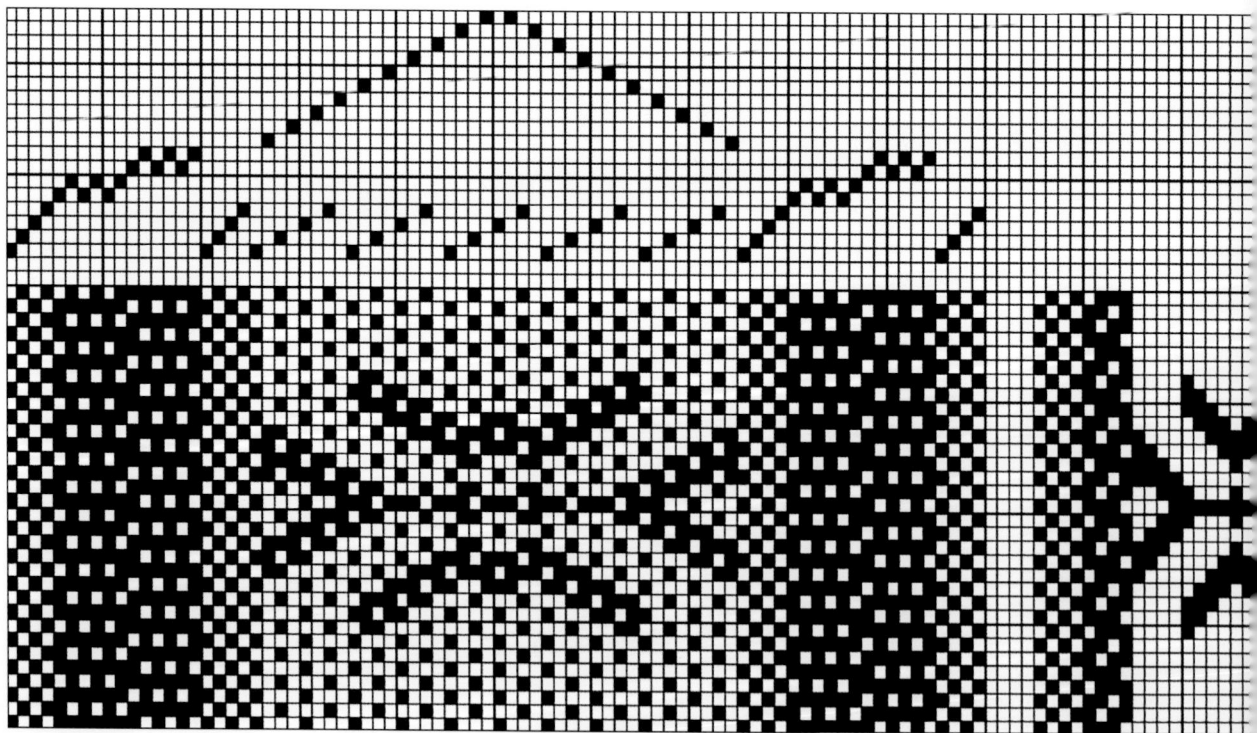

图1 织物组织图（上机图）

织物效果及模拟应用（图2、图3）

图2　织物效果图

图3　织物模拟应用

42. 破晓

设计灵感

在橙色与蓝色的渐变中，在红色与黄色的交融中，采用经起花组织，使纹理交织成如同黎明破晓般的风景，每一条经纬都汇聚着梦想。

色纱排列

经纱：（深蓝灰1，浅蓝1）×32，（蓝灰1，浅蓝1）×32，蓝灰64。

纬纱：浅蓝，黄，橙，红，采用缂丝手法。

织物组织设计（图1）

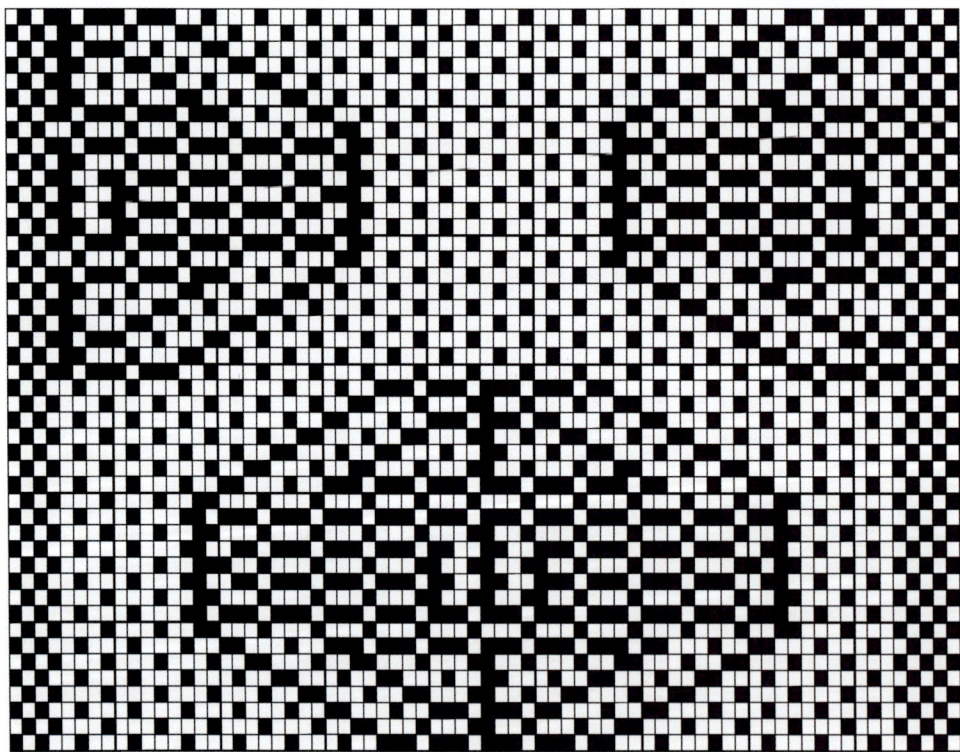

图1 织物组织图

织物效果及模拟应用（图2、图3）

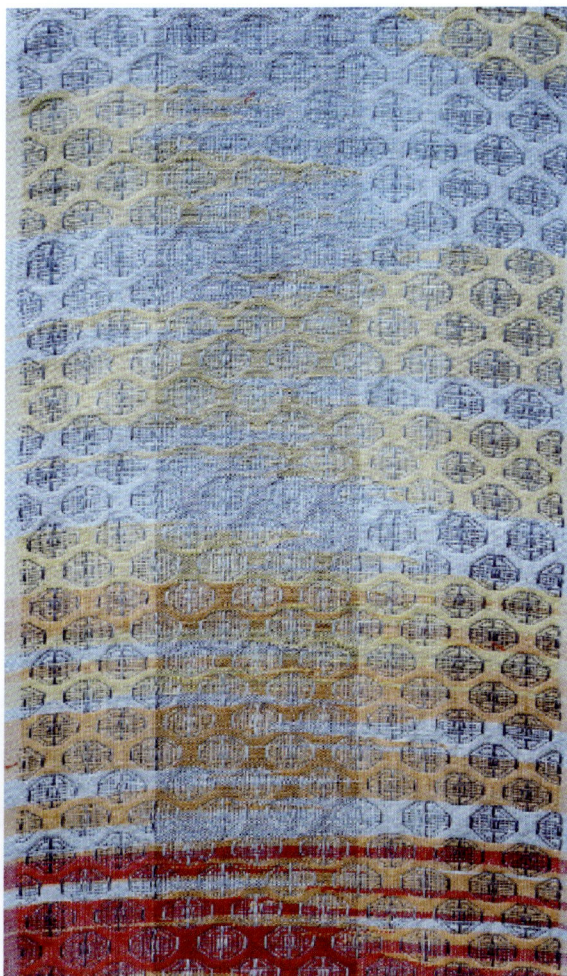

图2　织物效果图

图3　织物模拟应用

43. 爱的三原色

设计灵感

红色的心形立体突出，感情炙热，黄色鲜艳热情奔放，蓝色稳重沉静久远，三种颜色搭配，色彩浓郁又协调，犹如热恋中的人们。织物采用经起花组织和平纹地小提花组织进行左右配置排列。

色纱排列

经纱：黄7，（玫红1，黄1）×8，玫红1，黄10，（蓝1，玫红1）×15，玫红1，黄2。
纬纱：蓝。

织物组织设计（图1）

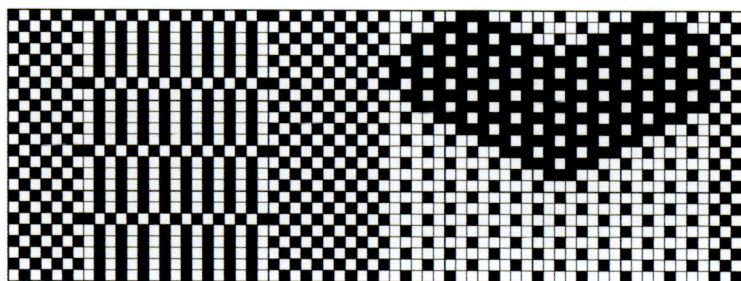

图1 织物组织图

织物效果及模拟应用（图2、图3）

图2 织物效果图

图3 织物模拟应用

44. 夏日派对

设计灵感

　　织物采用平纹地小提花与纬起花组织结合，下机后将纬向浮长线进行剪花处理，织物表面形成淡雅的粉色小花和蝴蝶结纹样。花型小巧精致，蝴蝶立体灵动，犹如夏日的蝴蝶在花丛中翩翩起舞。

织物组织设计（图1）

图1　织物组织图（部分）

色纱排列

经纱：白26，浅绿15，白53，浅蓝15，白53，粉红15，白53，浅黄15，白27。

纬纱：白5，（橘1，白1）×3，白41，（橘1，白1）×3，白41，紫色缎带1，白3，白36。

织物效果及模拟应用（图2、图3）

图2 织物效果图

图3 织物模拟应用

45. 幽涧泉韵

设计灵感

织物以黑色为地，黄色、绿色、蓝色纱线渐变排列，采用1∶1、2∶1交替排列花经和地经，图案也由小到大渐变排列，犹如溅起的水花千变万化。

色纱排列

经纱：黑4，（黑1，浅黄1）×2，黑1，浅黄1，黄1，黑1，浅黄1，黑8，（黑1，浅黄1）×3，（黑1，浅黄1，黄1）×3，黑10，（黑1，浅黄1）×5，（黑1，浅黄1，黄1）×3，黑15，（黑1，浅黄1，黄1）×6，（黑1，黄1）×2，（黑1，浅黄1，黄1）×1，黑12，（黑1，浅黄1，黄1）×3，（黑1，黄1）×5，黑10，（黑1，浅黄1，黄1）×3，（黑1，黄1）×3，黑8，黑1，黄1，黑1，浅黄1，黄1，（黑1，黄1）×2，黑6，黄1，黑5，黑1，浅黄1，黄1，（黑1，浅黄1）×2，（黑1，浅黄1，黄1）×12，（黑1，黄1）×2，黑1，浅黄1，黄1，黑6，黄1，黑6，黑4，（黑1，浅绿1）×2，黑1，浅绿1，绿1，黑1，浅绿1，黑8，（黑1，浅绿1）×3，（黑1，浅绿1，绿1）×3，黑10，（黑1，浅绿1）×5，（黑1，浅绿1，绿1）×3，黑15，（黑1，浅绿1，绿1）×6，（黑1，绿1）×2，（黑1，浅绿1，绿1）×1，黑12，（黑1，浅绿1，绿1）×3，（黑1，绿1）×5，黑10，（黑1，浅绿1，绿1）×3，（黑1，绿1）×3，黑8，黑1，绿1，黑1，浅绿1，绿1，（黑1，绿1）×2，黑6，绿1，黑5，黑1，浅绿1，绿1，（黑1，浅绿1）×2，（黑1，浅绿1，绿1）×12，（黑1，绿1）×2，黑1，浅绿1，绿1，黑6，绿1，黑6，黑4，（黑1，浅蓝1）×2，黑1，浅蓝1，蓝1，黑1，浅蓝1，黑8，（黑1，浅蓝1）×3，（黑1，浅蓝1，蓝1）×3，黑10，（黑1，浅蓝1）×5，（黑1，浅蓝1，蓝1）×3，黑15，（黑1，浅蓝1，蓝1）×6，（黑1，蓝1）×2，（黑1，浅蓝1，蓝1）×1，黑12，（黑1，浅蓝1，蓝1）×3，（黑1，蓝1）×5，黑10，（黑1，浅蓝1，蓝1）×3，（黑1，蓝1）×3，黑8，黑1，蓝1，黑1，浅蓝1，蓝1，（黑1，蓝1）×2，黑6，蓝1，黑5，黑1，浅蓝1，蓝1，（黑1，浅蓝1）×2，（黑1，浅蓝1，蓝1）×12，（黑1，蓝1）×2，黑1，浅蓝1，蓝1，黑6，蓝1，黑6。

纬纱：黑。

织物组织设计（图1）

图1 织物组织图（部分）

织物效果及模拟应用（图2、图3）

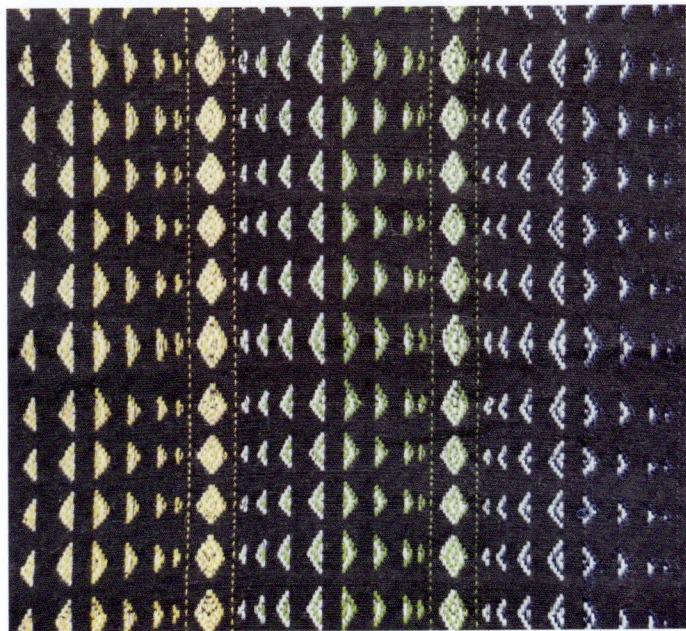

图2 织物效果图

图3 织物模拟应用

46. 花径风来

设计灵感

花径是庐山的一处盛景，曾是唐朝诗人白居易写下《大林寺桃花》的地方，也给设计者留下了深刻的印象。面料用经重平作为地组织，采用浅色调的紫色、蓝色、黄色形成花海，纵向粉色条纹如"花径"。图案效果柔和隐约，仿佛又回到了早春二月的光景，看到了"人间四月芳菲尽，山寺桃花始盛开"的画面。

色纱排列

经纱：粉19，蓝16，黄10，紫32，黄10，蓝32，黄10，紫16，粉20。
纬纱：白。

织物效果及模拟应用（图1、图2）

图1　织物效果图

图2　织物模拟应用

织物组织设计（图3）

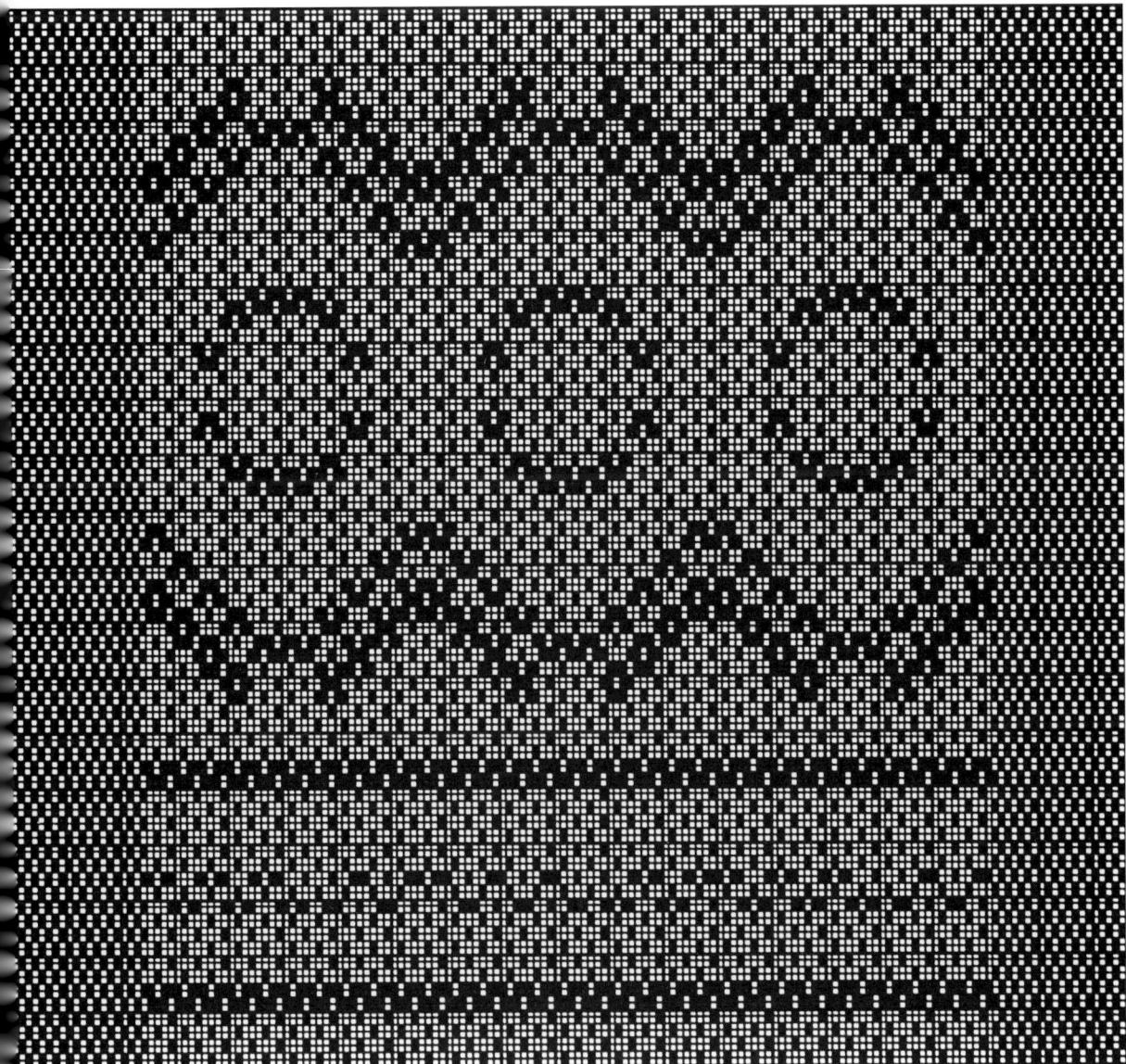

图3　织物组织图

47. 傣乡风情

设计灵感

织物采用经起花组织,花纹立体自然。藏青色的底色搭配黄色、蓝色、玫红、紫色等营造出浓郁的热带风情。

色纱排列

经纱:藏青16,黄2,藏青1,黄2,藏青1,(浅棕2,藏青1)×7,(浅蓝2,藏青1)×7,(浅棕2,藏青1)×7,黄2,藏青1,黄2,藏青16,藏青16,黄2,藏青1,黄2,藏青1,(橘红2,藏青1)×7,(黄2,藏青1)×7,(橘红2,藏青1)×7,黄2,藏青1,黄2,藏青16,藏青16,黄2,藏青1,黄2,藏青1,(玫红2,藏青1)×7,(粉色2,藏青1)×7,(玫红2,藏青1)×7,黄2,藏青1,黄2,藏青16,藏青16,黄2,藏青1,黄2,藏青1,(紫2,藏青1)×7,(黄绿2,藏青1)×7,(紫2,藏青1)×7,黄2,藏青1,黄2,藏青16。

纬纱:藏青。

织物组织设计(图1)

图1 织物组织图

织物效果及模拟应用（图2、图3）

图2　织物效果图

图3　织物模拟应用

48. 莫吉托

设计灵感

织物以浅绿色为地组织，淡紫色由经浮长剪花而成，正如一杯可口的莫吉托（Mojito）。淡淡的朗姆酒配上青柠汁、苏打水和绿色的薄荷。青柠与薄荷的清爽相互碰撞，成为夏日的永恒。经起花浮长线较长，采用反织法。

色纱排列

经纱：（白1，浅绿1）×32。

纬纱：浅紫12，浅绿16，浅紫21，浅绿21。

织物组织设计（图1）

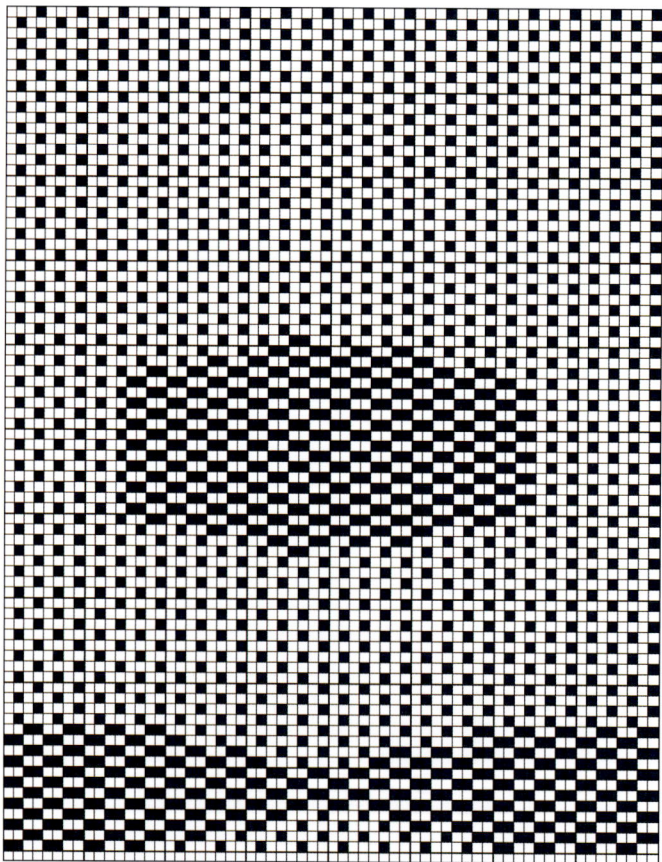

图1　织物组织图

织物效果及模拟应用（图2、图3）

图2　织物效果图

图3　织物模拟应用

49. 城市方格

设计灵感

一排排整齐的楼房、一条条南来北往的道路，构成了繁华的都市。织物采用经二重组织形成楼房，绿色和褐色的纱线形成条纹，犹如宽窄不同的道路。

色纱排列

经纱：卡其7，咖10，卡其30，（浅蓝1，浅黄1）×40，卡其24，（浅黄1，浅蓝1）×40，卡其30，墨绿4，卡其7。

纬纱：卡其。

织物组织设计（图1）

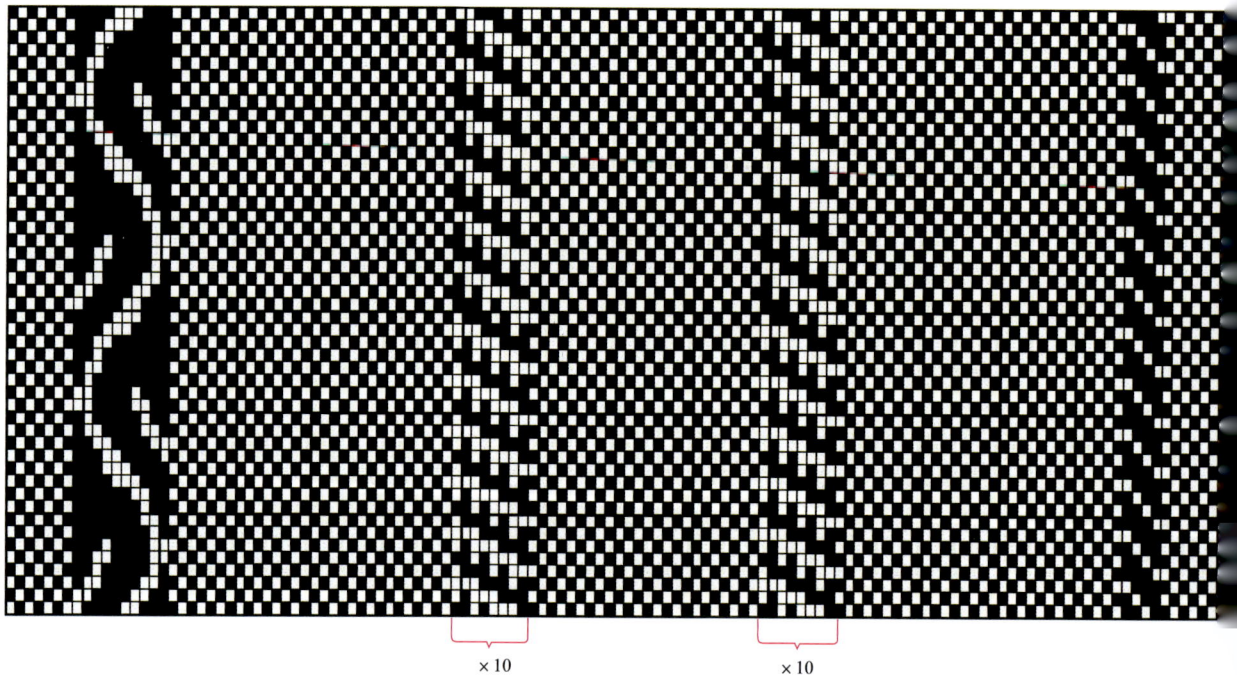

×10   ×10

图1 织物组织图

织物效果及模拟应用（图2、图3）

图2 织物效果图

图3 织物模拟应用

50. 松柏长青

设计灵感

松树和柏树皆为常绿乔木，四季长青，无数文人志士以歌赞之，以诗咏之。织物采用纬起花组织，加入金银线的花式纱线当纬纱，如同松柏长青，焕发生机。

色纱排列

经纱：湖蓝28，天蓝28，浅蓝28，紫红28，浅紫28，粉红28，浅肉桂28。

纬纱：（红色金丝线1，暗红1）×3，（红色金丝线1，绿1）×12。

织物组织设计（图1）

图1 织物组织图（上机图）

织物效果及模拟应用（图2、图3）

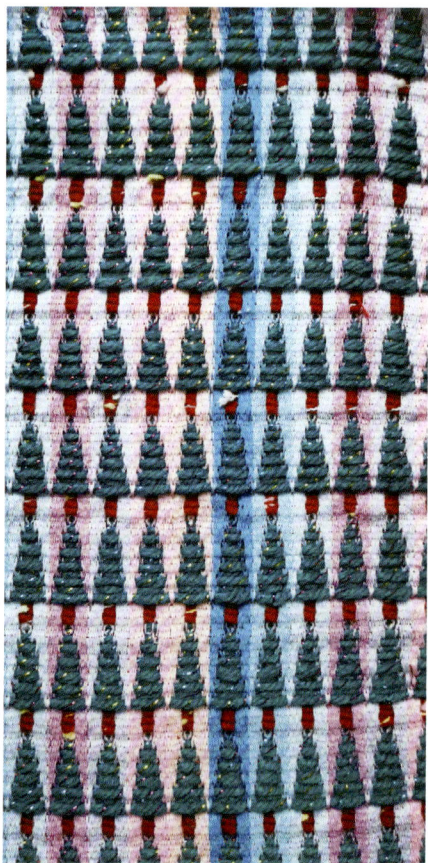

图2 织物效果图

图3 织物模拟应用